安慰剂效应

TED临床医生亲身实践的
非药物疗愈法

〔美〕莉萨·兰金◎著　刘文◎译

MIND

OVER

MEDICINE

北京联合出版公司
Beijing United Publishing Co.,Ltd.

图书在版编目（CIP）数据

安慰剂效应 /（美）莉萨·兰金著；刘文译. —北京：北京联合出版公司, 2017.3（2022.5重印）
ISBN 978-7-5502-9918-4

Ⅰ.①安… Ⅱ.①莉… ②刘… Ⅲ.①心理学-通俗读物 Ⅳ.①B84-49

中国版本图书馆 CIP 数据核字（2017）第 035626 号

北京市版权局著作权合同登记：图字 01-2017-1091
MIND OVER MEDICINE
Copyright ⓒ 2013 by Lissa Rankin
Originally published in 2013 by Hay House Inc. USA
Simplified Chinese Copyright ⓒ 2017 Beijing Standway Books Co., Ltd.
Through Bardon-Chinese Media Agency
All rights reserved.

安慰剂效应

项目策划　斯坦威图书
作　　者　（美）莉萨·兰金
译　　者　刘文
责任编辑　李艳芬　徐秀琴
策划编辑　李佳铌
封面设计　昇一设计

北京联合出版公司出版
（北京市西城区德外大街 83 号楼 9 层　100088）
河北鹏润印刷有限公司　新华书店经销
265 千字　710 毫米 ×1000 毫米　1/16　14.5 印张
2017 年 5 月第 1 版　2022 年 5 月第 2 次印刷
ISBN 978-7-5502-9918-4
定价：58.00 元

未经许可，不得以任何方式复制或抄袭本书部分或全部内容
版权所有，侵权必究
本书若有质量问题，请与本公司图书销售中心联系调换
纠错热线：010-82561773

赞　　誉

本书简洁明了，莉萨·兰金（Lissa Rankin）博士用雄辩的事实证明，人类并非仅仅是生化电信号的集合体，而心灵则是其最佳良药。准备好放开自我，去接受一种关于医药、健康和治疗的全新范式吧。

——畅销书《疗愈场》《念力的秘密》《念力的秘密2》作者琳内·麦克塔格特（Lynne McTaggart）

能够看到下一代医学工作者对我称之为"真正的医学"产生意识觉醒，真乃人生一大幸事。这样的医学才能让我们掌握真正治愈的力量，从而促进身体健康。

——医学博士、妇产科医生、《纽约时报》畅销书《女人的身体，女人的智慧》《更年期的智慧》作者克里斯蒂安·诺斯鲁普（Christiane Northrup）

本书中，莉萨·兰金清楚地陈述了许多医护人员（并未提及患者）已经了解的事实：我们的医生在经过培训后以倍受压力和超负荷运转的方式工作，这一模式会妨害康复过程。通过展示她的生活、工作和文字，莉萨·兰金证明了一种将现代科学与心灵的智慧有机结合的新方法。每个需要医生且必将成为医生的人都将因此而有所收获并被她的观点所启发。阅读本书就能得到一种真正的治愈体验。

——《狂野的觉醒》作者玛莎·贝克（Martha Beck）博士

我这几年一直担任自己的诊疗师，这意味着我对莉萨·兰金博士的新书《安慰剂效应》的问世非常激动。她将直觉与科学有机结合起来，向我们展示了心灵的力量以及怎样通过这种手段更好地打理我们的生活。与此同时，莉萨的文风独特而又颇具深度，让人不由自主地信服。

——16本著作的作者、艺术家以及
"PlanetSARK.com"网站创始人萨克（Sark）

《安慰剂效应》一书将古老的智慧现代化，使它们深入浅出，为现代生活方式提供指导。本书在为我们提供了诸多简明教程的同时，众多深刻的智慧亦蕴含其间。

——《关爱·治疗·奇迹》作者、
医学博士伯尼·西格尔（Bernie Siegel）

莉萨·兰金博士用幽默、温馨和引人注目的研究，在《安慰剂效应》一书中开始探讨怎样疗愈人生中最重要的挫折——身心的失谐。当涉及我们的身心健康时，我们需要利用自己的智慧倾听内心的声音。莉萨的热情和经验能够为这一过程提供最完美的指导。

——《纽约时报》畅销书《脆弱的力量》《活出感性》
作者布琳·布朗（Brené Brown）博士

莉萨·兰金是一个现代奇迹创造者，世界需要听到她的声音。

——《纽约时报》畅销书《魔力创业》
作者克里斯·吉尔博（Chris Guillebeau）

这是第一次有医生从女性身心健康的角度进行论述，她明确了女性在生活中如何做才能达到最佳健康状态。这不仅是一本必读作品，而且需要马上开始读。

——《做女人的艺术》作者雷吉纳·托马肖尔
（Regena Thomashauer）（又被称为"吉娜妈妈"）

"身体和双位一体：只有上帝才能明确区分。"一个多世纪以前的斯温伯恩（Swinburne）① 说出了这样的睿智之语。但在 20 世纪的大部分时间里，身体成为了研究的重点；而现在，意识、心理和灵性开始重回医学关注的中心。在《安慰剂效应》一书中，莉萨·兰金博士解释了为什么会是这样。本书用引人注目的、清晰的和易接受的方式，展示了由医学专家揭示的现代医学和治疗研究的发展方向。记住要买两本，一本给你，另一本交给你的医生。

——《革新医学，疗愈性的语言和坚定的信念》
作者拉里·多西（Larry Dossey）

哇！只是哇！这就是我对莉萨·兰金所做工作的印象！她所讲述的一切对我而言都是这么真实。作为一名专业的医生，她的声音，正是当前这个过度依赖药物的社会所需要的。好样的！莉萨有勇气说出来，让公众得知真相。这个世界需要更多像这样的人！

——《纽约时报》畅销书《死过一次才学会爱》
作者艾妮塔·穆札尼（Anita Moorjani）

这是围绕心态和生活方式对疼痛、疾病和活力的影响展开的一个证据确凿的非凡展望。作为医学博士，兰金发明了一种以病人为主体、促进健康和疗愈的新方法，非常令人信服。做好准备，振奋精神，来让你的身体痊愈吧。

——《引爆创新》作者、"美好生活计划创始人"
乔纳森·菲尔斯（Jonathan Fields）

这是一位追求强烈内省、关爱和解放的医生，这是一条包含基因和内心欲求为一体的健康之路。让我也加入吧！莉萨·兰金科学而神秘地解释了我们的

---

① 译者注：1837－1909，英国维多利亚时代最后一位重要的诗人。

自我修复能力。对于深信生命力由自己创造的人而言,她是一名真正的医生。

——《你原本无须这么辛苦》

作者丹妮尔·拉波特(Danielle Laporte)

在这样一个妄图用药物来解决我们所有问题的社会,莉萨·兰金博士无疑深处理智的绿洲。她的深度关注为医学注入了直觉的洞察力和疯狂的活力。莉萨重新定义了医疗,呼吁我们激活自己的力量来为真正的身心健康服务——让我也加入其中吧!

——"一味"创始人、《缓慢性爱——女性高潮的艺术和技巧》

作者尼古拉·达尔顿

前　言

在这本深刻的书中，莉萨·兰金博士用古老智慧的源泉来向我们证明，你拥有主导自我健康的力量。她从当今时代最伟大的身心疗愈者那里获得了灵感，例如伯尼·西格尔、迪恩·欧尼斯（Dean Ornish）、迪帕克·乔普拉（Deepak Chopra）、坎迪斯·珀特（Candace Pert）、乔恩·卡巴金（Jon Kabat-Zinn）等。莉萨将证据与心灵结合起来。在那科学与奇迹相遇的寂静安许之地，《安慰剂效应》成功诞生。

突飞猛进的科技发展让我们手中拥有了诸多先人们从未掌握的优势。然而，这也使高度紧张和焦虑的体验变得日益平常。我们中的许多人完全是恍惚的。我们担心财务状况、社会关系以及不确定的未来；我们感到恐惧和孤独。上述这些以及更进一步的感受会使身体产生明显的生理变化。

与我们以前所认为的相反，我们的基因并非是完全确定的。表观遗传学的研究表明，我们的基因实际上比较灵活，也较容易受到环境的影响。这是个好消息，因为这意味着外部生活方式，如营养条件、环境因素、锻炼水平、积极或消极的想法以及情绪会影响你的基因。这样一来，那些真正影响你家人的东西到底是什么？是心脏病和糖尿病，或者甜甜圈和香肠吗？还是感恩和欣赏，或者贬抑和虐待呢？改变你的想法，就能改变你的行为。改变你的行为，就能改变你的生物化学指标。

正如莉萨所说，我们的心理可以使我们生病，也能让我们保持健康；我们的感受和信念能够影响我们的每一个细胞；我们如何对自己倾诉非常重要；我们是否感受和表达关爱影响着我们的健康。这一概念赋予我力量，它让我充满了希望和好奇。她采用可以检索到的最新的科学研究、革新性的信息以及药物知识储备来进行解释，并用心理这一良药来使其完备。

有了这些知识，你就可以选择健康。想象一下，真正喜欢和欣赏你的身体，这种感觉会有多么美妙。释放心中的壁垒，接受你作为人类一员的独特之美。暂停片刻，让这一场景停驻，看看你自己是多么快乐。感受作为整体的自我和彻底的自在，感受自我的价值，感受自己的力量，感受内在的潜在疗愈之力。

在我们的一生中，心灵往往比药物更具惊人的突破力量，本书中，莉萨就怎样利用这种力量创建了一个新的模型。听从她的建议，你不仅可以改变你的生活，还可能挽救自己的生命。如果你忘了自己有多么卓越，《安慰剂效应》将引导你重回自己的内心。我知道，我才刚刚开始了解蕴含在我体内的巨大智慧。

祝你身体健康、心理健康并拥有长长久久的幸福。

《纽约时报》畅销书作家、癌症幸存者、福祉活动家

克丽丝·卡尔（Kris Carr）

导　论

"若无心灵之疾，何来抱恙身躯。"

——苏格拉底

如果我告诉你，身体的健康状况是最不重要的部分，对你来说真正重要的是其他方面的因素，会发生什么？如果健康的关键不仅仅是吃有营养的食物、每天锻炼，保持健康的体重、充足的睡眠，服用维生素、保持激素平衡或定期体检，又会发生什么？

当然，这些都很重要，但若是其他因素更重要呢？

如果你能够通过改变想法和感受来疗愈你的身体，又会怎样？

我知道这听起来非常激进，特别是它来自一名医生口中时。相信我，当我最初发现科研结果表明这可能是真的时，我也心存疑虑。当然，最开始我认为身体的健康状况并不是简单地受认为自己健康或担心自己生病而影响的。

难道是这样吗？

几年前，在接受了12年传统医学教育和8年临床实践后，我就像崇拜《圣经》那样，彻底接受了循证医学的教条主义原则。我拒绝相信任何我不能证明的随机对照组临床试验。另外，我的父亲是一位非常传统的医生，对于新事物只会付之一笑。由于我从小被他带大，对于那些新兴事物的到来，我也报以拒绝接受和愤世嫉俗的态度。

我所接受的医学教育和实践并不支持"思想和感受的力量可以让人保持健康或者生病"的想法。我以前医学院的教授会将某些缺乏病理解释的疾病诊断为"一切都是因为他们大脑里出了问题"，但据精神病学家说，即使这些患者转动眼睛、摆动脑袋，他们还是能够迅速反应或保持安静。

难怪"心灵可能有能力疗愈身体"的观点会威胁到许多主流医生，毕竟我们花了10年的时间来掌握打理别人身体的本领。我们相信，为了成为医生所花费的时间、金钱和精力并非浪费。无论从专业还是情感的角度，我们都希望，如果身体出现了问题，病人必须寻求具备专业知识的医生的帮助。作为医生，我们愿意相信我们比病人更了解他们的身体。整个医疗机构都是基于这样一个信念。

大多数人都乐意按照这个范式来运行，其替代品——认为你拥有超乎想象的力量来疗愈你的身体——将打理身体健康的责任归于自身，很多人觉得这超乎自己的能力范围，而将之付诸他人、依赖更聪明、更有经验的人员来"把它搞定"无疑更加容易。

但是，如果我们都错了，那该怎么办？如果否认"身体能够自愈且心灵操控着疗愈机制"这一事实实际上是在自我破坏，我们又该怎么办？

作为医生，有些科学无法解释的事情不可避免地出现在我们的工作中。即使是最保守的医生都遇到过有些科学上不能幸免的病人成功痊愈的病例。当我们见证这样的事情时，我们不禁质疑我们所珍视的现代医学，我们想知道是否有更神秘的事情正在发生。

医生通常不在病人面前讨论这种可能性，但他们会在医院的医生休息室和常春藤联盟大学的内部会议室窃窃私语。如果你好奇，你就会像我一样对此留意，你会听到那些故事，最终无法控制自己的思绪。

你会听到人们说着这样的故事：一位癌症女患者在经过放射治疗后，癌症消失了。之后，医生才发现机器坏了，实际上她没有受到放射治疗，但她认为她接受了治疗，她的医生也是如此。

他们还谈论道：某位女性在心脏病发作之后进行了心脏搭桥手术，却因休克而终结，最终导致肾功能衰竭，若不接受治疗，很可能会引起生命危险。医生建议进行透析治疗，她拒绝了，因为不想忍受更多侵入性的治疗。连续9天内她的肾脏中都没有尿，但在第 10 天，她开始排便。两周后，在没有接受治疗的情况下，她重新开始工作，肾功能甚至比手术前更好。

此外，一位心脏病发作的患者拒绝了心脏手术，却在改变自己的饮食、开始锻炼、练习瑜伽、每天冥想、参加团体治疗课程后，使其"无法治愈"的阻塞的冠状动脉重新疏通。

另一位在重症监护室的患者，其淋巴癌病情已达第 4 阶段，各器官开始停止工作，她濒临死亡。因她得到了纯粹的、无条件的关爱，并了解了如果她选择不跨越到另一边，她的癌症几乎立刻就会消失。不到 1 个月后，她的淋巴结活性检查没有发现任何癌症存留的迹象。

一个广为流传的故事声称，一项针对化疗药物安慰剂效应的研究取得了些许进展，该药物缩写为"EPOH"，但一个肿瘤学家却用使用该药物而取得了非常成功的疗效。为什么？据说他在与病人商讨病情时，更换了该药物的名字，将原本的"EPOH"改为了"HOPE"，意为用该药物为患者提供希望。

因为我的个人博客还算受欢迎，已经吸引了来自世界各地的众多读者，所以我总是能听到这样的故事。当我开始和我的读者分享这些所谓的真实故事时，各种难以置信的故事开始不断涌入我的电子邮箱。一位患卢伽雷病①的女性去看了神恩治疗者，然后她的神经科医生就宣布她的病况痊愈；一个瘫痪的人到卢尔德的圣水中进行了朝圣，当他离开的时候已经能够自己散步了；卵巢癌晚期患者"只知道"她不会死，在爱她之人的支持下，这位女士在 10 年后依然活着；一位冠状动脉阻塞患者在心脏病发作后被告知，若不接受心脏手术，他会在 1 年之内去世，但在拒绝手术后，他多活了 20 年，而且也并非因为心脏病而去世，享年 92 岁。

当我听到这些故事时，我不能忽略耳旁的窃窃私语。当然，这些人说的不见得都是真的。但是如果他们没有撒谎，那么唯一的解释只能是，有些超出了

---

① 译者注：即肌肉萎缩性脊椎侧索硬化症，是一种运动神经元疾病。

我所接受的传统医学教育的事情发生了。

这引起了我的思考。我们知道，自发的、难以理解的自愈时有发生，每个医生都见证过类似的事件。我们只是无所谓地耸耸肩，带着枯燥、令人不安的不满继续我们的工作，因为我们无法用逻辑来解释这种自愈情况。

但是我一直在思考，我们是否有可能控制这一过程。如果这种"不可能"发生在一个人身上，那么有什么是我们可以从他所做的事情中学习的？有过相似症状的病人同样幸运吗？是否有方法来进一步提高自发治愈的可能性，特别是在常规医疗手段无法提供有效治疗时？医生是否能够做些什么来促进这一过程？

我不禁意识到，也许不考虑患者可能在某种程度上能实现一部分的控制来治疗自己，我就不是一个负责任的医生，我就违反了神圣的希波克拉底誓言。当然，如果我是一个好医生，我就应该愿意敞开心扉来照顾病人。

但在医生休息室流传的那些激励人心的故事以及在互联网上的人云亦云根本不能有力地说服我。作为一名通过培训的科学家和天生的怀疑论者，我需要保持冷静、严谨求证。当我开始寻求答案时，我立即行动起来。

我对所听到的传言做了最充分的调查。我开始向告诉我这些故事的人来求证故事的真实性。他们能给我看看当时拍的片子吗？我可以跟负责机器维修的工人聊聊吗？我可以看看医疗记录吗？

我很失望。当我问有没有医疗记录或作为备份的研究记录时，大多数人都道歉了。"那发生在很久以前。""绝对有研究记录，但是我没有保留参考文献。""我的医生退休了，所以我无法为你联系。""他们扔掉了我的病历。"

即使是我自己早期亲身治疗的实例都仿佛是遥不可及的。我没有记笔记，我不记得名字，我也不知道如何和这些人联系。我处处碰壁。

然而，我开始在网上问更多的问题，也在网上听说了更多的故事。当我开始和我的医生朋友接触时，每个医生都能告诉我一些令人瞠目结舌的关于自愈的故事，患者最终从"无法治愈"的疾病走出来了，离开那些给他们下"最后通牒"的傻瓜一样的家伙。但是，还是一样：他们没有证据。

我的好奇心让我继续深入。在接收到数以百计的电子邮件和进行了几十个面谈之后，我开始相信，发生在这些病人身上的故事是真实的，而这些在形而上的书籍和互联网中成为了传说。虽然想要摒除"病人声称把自己治好了"这种听起来很荒谬的的故事，但如果你是一个医生、你关心怎样帮助别人治病，你就不能忽视你所听到的事。你听得越多，你越开始怀疑，身体究竟能做什么。

对于大多数医生，如果你让他们远离那些经常持批评和评判态度的同事，他们会承认这一点：他们在内心深处相信，在治疗中有一些神秘的东西在和生理过程交叉起作用，而连接两者的共同点是拥有伟大的、强大的心灵。但很少有人这么大声说，因为害怕自己被贴上江湖骗子的标签。

身心之间的联系已经被医学先驱提倡了几十年，尽管如此，它并未能顺势进入主流医学界。作为一个年轻的医生，我是在那些著名的医生，如伯尼·西格尔、克里斯蒂安·诺斯鲁普、拉里·多西、雷切尔·内奥米·雷曼（Rachel Naomi Remen）和迪帕克·乔普拉提出身心联系之后才拿到我的医学学位，因此你可能会认为他们的研究会作为我所接受的医学教育的一部分。但事实上，我对于他们的工作不是很熟悉，即使在我完成了医学院学习很久之后都是如此。直到做自己的研究，我才开始读他们的书。

开始了解他们的工作后，我非常生气。我以前怎么不知道这些思想开放、全身心投入的医生呢？为什么他们的书不是医学院一年级学生的必修读物呢？

当我了解更多时，我甚至被激怒了，这种激情变成一种使命，让我开始了为期数年的研究和写作。我开始阅读我能找到的每一本关于身心联系的医学书，我也开始写博客、微博，并在脸谱上发布我的研究内容。我将它们收集起来，证据越来越多，但我几乎没有听到能够算作"科学"的个人经历。我需要找到科学证据来证明这些不是胡说八道。

所以我一直在研究，想要解放我的思想，以更多地了解大脑可能如何影响身体。我开始部分地接受整个身心系统的概念，这对我产生了直观的意义，但我内心的另一部分却仍然相当顽固。要相信我所研究的内容，就需要对我一直接受的教育放手，将我从传统医学的践行者——我的父亲和两个医学院的老师们那里的所学抛到脑后。

我首先研究的几本书之一是哈佛大学教授安妮·哈林顿（Anne Harrington）所著的关于身心药学的历史书《内在的治愈》（The Cure Within），这让我感觉头晕且内心不安。在书中，她将身心之间的联系理解为"身体表现不佳"，这意味着身体有时并不以它们"应有"的方式回应，这种神秘性的唯一解释就是通过心理的力量。

作为心理严重受伤的典型，哈林顿讲述了生活在福利机构的孩子们的故事，他们的物质需求都能被满足，但却比正常家庭的孩子更容易发生身体和精神发育迟缓。这是因为他们并没有得到足够的关爱。

显然，有什么事情发生了。我心中的疑惑让我不断深入，就像过去一样，我对这些事情如何发生而深深地着迷。有什么证据可以证明"我们通过心理可以改变身体的力量"吗？有什么生理机制可以解释这些现象吗？我们可以做些什么来利用这些治愈的力量？

如果我能回答这些问题，我的工作就具有重大意义：不仅仅是听那些人们告诉我的难以置信的故事，而是为了满足我自己的生活目标和我作为治疗者的责任。

在我研究身心联系时，我在医学界的地位尚未明确。经过20年的医学研究，我对目前不健全的医疗保健体系已经不再抱有幻想。目前的医疗体系让我每天接待40个病人，时间安排得非常紧张，留给我们说话的时间很少，更不用谈及医患之间的联系了。当一个老病人写信告诉我，她准备向我坦白一个过去隐藏的、敏感的健康问题时，我几乎想要放弃。在她丈夫的支持下，她为将要说的话排练了数天。但当她坦白秘密时，事实上我的手一直没有从检查室的门上放下。她告诉我，我的头发是凌乱的，而且穿着肮脏的实习装。她怀疑我整夜都在照顾孩子——事实上我可能已经这样做了。虽然她知道我可能很累，但她一直祈祷、让我触摸她的手臂、坐在她旁边的凳子上、为她提供足够的温柔、建立让她感到安全的联系、讨论她关心的问题。但是她说我的眼睛是放空的。我就像一个机器人，因为太忙所以无法放开门把手。

当我读到这封信的时候，我哽咽了，感到胸口有股气在翻滚，我清楚地知道践行这种医学手段并不是当初吸引我学习医学的动力。我被要求像祭司一样给出治疗方案而不是机械地开处方和身体检查，我被要求成为一个疗愈者。而吸引我进行这种医学实践的地方是：在无法进行有效治疗时，我能够触摸患者的内心，与之牵手，在苦难之际为其提供安慰，尽可能使其复苏、为其减轻孤独和绝望。

如果我丢掉了这些，我就失去了一切。成为医生的每一天都在削弱我的完整性。我知道我的内心想要践行这种医疗方法，但我对于我所渴望的这种医患关系感到无助，再加上医疗保健公司、制药工业、医疗事故律师、政治家和其他因素的影响……这些威胁加深了我和病人之间的裂痕。

当我还是一个理想主义的医生时，我的理想是做回自己，但我感觉现实中的我就像一个满嘴谎言的人、一个背叛者和一个廉价的冒牌医生。但是我又能选择什么呢？我是家里唯一的经济支柱，我要负责偿还我的医学院学费、我丈夫的商学院学费、抵押贷款以及刚出生女儿的大学基金……放弃我的工作是不可能的。

然后我的爱犬去世了，我健康而年轻的弟弟因常见抗生素的一种罕见的副作用引起的肝衰竭去世了，我亲爱的父亲也因脑癌而去世两周了。

这是压垮我的最后一根稻草。

在没有后备计划或安全储备的情况下，我离开了医院，计划永远不再回头。卖房子、清算我的退休帐户、和家人搬到乡村去过一种简单的生活：我把当医生归结为一个大错误，我重新计划成为一个全职的艺术家和作家。

此时，我已经与过去从事的事业彻底了断了。我花了几年的时间撰写博客、写书和进行艺术创作，但仍感到内心有种紧迫的呼喊——就像当初想去医学院的那种冲动。在我的内心深处，我仍然渴望服务，绘画和写作让我感到太孤独、太自私了，我不能纵容自己为了钟爱的事物进行创造性的尝试，但却以牺牲我的使命为代价。

我连续几个月没有睡好，当我睡着时，我会梦到曾帮助过的患者，我坐在他们身边、倾听他们的故事。我不再关注我的手表，也不会将手始终放在门框上。我流着泪醒来，就像在哀悼我的灵魂。

2009年，我开始写博客，内容包括医学错过了什么、我喜欢医学的什么以及医务工作最初吸引我的方面。我说我认为医学是一种修行，你行医的方式就如同练习瑜伽或冥想，好像你永远不能完全掌握它。我写了关于医患关系的内容，当受到应有的敬畏时，它是神圣的；我也写了医学如何伤害我以及我如何反过来无意中伤害别人。

各种各样的病人和治疗师开始写电子邮件告诉我他们的故事；越来越多的人在我的博客上发表评论，将我的内心照亮，让我再次感觉到了服务大众的愉悦。我吸引来的这些人们开始疗愈我的内心。

此时，正值那些了不起的病人治好自己"无法治愈"的绝症的故事在世界各地流传。尽管我最初抵制重新回到医学的世界里，但我发现我沉浸于自己博客上的对话无法自拔。

我不是在寻找回到医学的方法。最初的几年，当世间的信号开始引导我回到作为治疗者的使命时，我摇摇头，向着另一个方向逃跑。

但内心的这种呼喊非常有趣，你不可以选择你内心的这种召唤，但它会选择你。虽然你可以辞掉工作，但你不能放弃你的使命。

一个又一个的意外让我走在了一条未知的路上，仿佛鸟儿扔下的碎屑，引领我走向了通往圣杯的道路：一本本著作从书架上纷纷掉落；医生出现在我的道路上，向我展示着信息；网络上的人们给我发送文章；当我徒步旅行时，我的脑海中出现了像电影一样自发的影像。同样的梦不断出现，就像老师的召唤。

我开始从接受的医学教育和多年的医务工作导致的深层自我麻醉中醒来,在昏昏沉沉之中,我开始看到光明。问题一个接着一个,在我意识到发生了什么之前,我站在及膝的期刊文章堆里,试图查明当心理健康时身体发生了什么,而为什么我们生病时心理恰好也是不健康的。我意识到我不需要进行实验室检测、开药或者成为在职行医的医生,只要能发现人们如何疗愈自己的真相,我就能帮助更多的人。

接下来是对现代医学进行深入探讨,在同行评审的医学文献及杂志上,如《新英格兰医学期刊》(The New England Journal of Medicine)和《美国医学会杂志》(The Journal of the American Medical Association,JAMA)都在寻求可以证明"自我疗愈"的科学证据。我的发现永远地改变了我的生活,我希望它也能改变你和你所爱之人的生活。

这本书记录了我的发现之旅,我发现这改变了我关于医疗保健应当如何开展和接受的整个展望。我会将获得的科学数据与你共享,当我看到这些数据时,我知道我不可能再装作视而不见。

是否有科学数据来支持这些看似广为流传的关于神奇自愈的故事呢?那还用说。的确有证据证明你可以通过改变你的心理(如,感受等)而从根本上改变你身体的生理状况。也有证据证明,当你产生了自己不健康的心理时,你自己就会生病。这不仅仅是内心的臆想,这是切切实实的生理反应。那么它是如何发生的?别担心。我还将解释这些不健康的想法和感受如何转化为疾病,以及健康的想法和感受如何帮助人体进行自我修复。

但本书还有更多内容。有证据表明,医生之所以能促进你的恢复过程,并不是因为他们开出的具体治疗方法,而是因为你赋予了他们帮你治愈的权力。也有证据证明了一个令人惊讶的因素,它可以比戒烟更加有益于你的健康。那些你可能认为与身体健康无关的事情可以使你延寿 7 年多,那些有趣的事可以显著减少你去看医生的次数,一个积极的心态转变能让你多活 10 年,特定的工作习惯可能增加你死亡的风险……而你可能从来没有将其与健康联系起来的令人愉悦的活动则可以大大减少患心脏病、中风和乳腺癌的危险。

这些只是本书中分享的一些科学的可证实的事例，它已经从根本上改变了我对于医学的思考。

本书分为三个部分。在第一部分中，我将论证以下观点：通过结合积极的信念和医护人员的悉心照料，心理作用能够改变身体的生理状况。在第二部分，我将向你展示，通过选择生活方式，心理是如何改变身体的生理机能的，具体内容包括你选择经营的社会关系、性生活、工作、财务状况、是否拥有创造性、你是乐观主义者还是悲观主义者、你的幸福程度以及你如何度过闲暇时光。我也会教你一个可以随地使用的、富有价值的工具——可以使用它来挽救自己的生命。以上两部分是让你为第三部分做好准备。在第三部分我将向你介绍我所创建的一个全新的健康模型，并引导你通过6个步骤疗愈自己。希望当你读完这本书时，你已经能够为自己进行诊断、开具处方并创建一个明确的行动计划，这本书旨在帮助你做好发生奇迹的准备。

我所提供的建议并不只是对患者才有效，那些身体健康并想要预防疾病的人们也同样适用。我不想让你等到身体开始发出严重警报、感到自己受到严重威胁时才发觉；相反，我想教你如何从你的身体反应中听到其暗示的信息：这些是通往最佳健康之路的试金石，能够让你远离疾病。科学证据表明，这样做能够促进健康长寿。

我揭示的信息可能会让你大吃一惊，甚至可能会对你产生威胁。但请你帮自己的身体一个忙，当你阅读本书时，请摒弃你内心的判断，放开你的思想，并愿意让你的身体和健康发生转变。我要与你分享的内容可能会挑战你长久以来持有的信仰，让你走出你的舒适区，并可能让你对我揭示的信息产生质疑。但在本书中，我会尽一切努力来给这些看似无关的论断以科学的支撑。

我知道我所讲的内容可能会使人震惊，所以这本书的目标读者就是持怀疑态度的人，就像原来的我。在本书中，我会为你展示我所提出的观点，就像医学界同行对我进行评判时那样。但我并未奢望能够说服所有的医生。当然，我希望他们能够倾听我的观点，因为如果他们这样做，现代医学的面貌将永远为之改变。

我愿真心实意地将本书献给每个生过病、关爱之人患有疾病以及任何想要预防疾病的人。你们是我想要帮助的人，因为在我心里，我渴望帮助你们结束痛苦，增加健康长寿的机会，因为这就是医学最初赋予我的使命。

在你阅读本书的时候，我只想要你留在我身边。给我一个机会吧，让你像我自己经历的那样来扩展自己的思维方式；给我一个机会吧，让我来帮助你净化你的想法，以让你的身体可以随之保持健康。同时也请你释放关于健康和医学的那些过时观念，医学的未来在你我之间。来吧，牵起我的手，让我们一起去探索。

目录

第一部分　相信自己

Chapter 1　健康理念中那些令人震惊的真相

假手术的治愈力量 / 006

有效的安慰剂 / 007

积极信念能够减轻生理病症的证据 / 009

是否每个人都会对安慰剂产生反应 / 010

安慰剂产生的疗效是否仅仅存在于脑海中 / 011

安慰剂效应的五种解释 / 012

安慰剂效应的生理学机制 / 014

是否所有的疾病都会对安慰剂产生同等程度的响应 / 017

揭开自然康复的神秘面纱 / 018

Chapter 2　肯定能让自己生病并且阻碍自然康复的方法

想得病就能得病 / 023

你并非基因的受害者 / 027

走进表观遗传学 / 029

人体如同培养皿 / 030

子宫中发生了什么 / 032

你的潜意识 / 033

你应当怎样去引导孩子的成长 / 034

医学的魔法 / 036

Chapter 3　使事态全然不同的治愈因素

医生即良药 / 042

悉心照料带来不同的确凿证据 / 044

医疗的仪式化进程 / 047

医疗护理机制 / 048

怎样告知不幸消息 / 050

医者自医 / 053

补充和替代疗法的安慰剂作用 / 055

这到底是真实的疗效还是治疗手段触发的放松反应 / 056

治疗的真实目的 / 058

心理疗法的安慰剂效应 / 058

信仰疗法的安慰剂效应 / 059

改造医学的核心 / 061

第二部分　心病还须心药医

Chapter 4　重新定义健康的概念

在职培训 / 067

一种崭新的病人信息调查法 / 069

一个关于自愈的故事 / 071

你的生活方式怎样影响你的身体 / 072

生病与健康的对抗 / 074

情绪的生物学机制 / 076

Chapter 5　孤单是身体的毒药

相互支持的社会关系能够抵御疾病 / 084

社群对于生活预期值的影响 / 084

宗教社群与健康 / 086

恋爱关系与健康 / 088

性与健康 / 089

孤独的生物学机制 / 090

所有的社会关系并非生来即平等 / 092

弱点的力量 / 094

治疗孤独的方法 / 095

Chapter 6　过劳死

美国的过劳死 / 100

工作压力的分类 / 101

工作压力的典型表现 / 103

压力与危及生命的疾病 / 106

经济压力与健康 / 106

工作快乐才能身体健康 / 108

创造力与健康 / 109

应对工作压力的方法 / 111

Chapter 7　快乐是预防生病的良药

格兰特研究 / 115

乐观主义者会比悲观主义者更健康吗 / 117

希望能够治愈身体 / 119

习得性无助与生病 / 121

免疫反应与绝望 / 122

控制是治疗无助的解药 / 123

快乐使人长寿 / 124

情绪的生理学机制 / 126

快乐能否治愈疾病 / 129

悲观主义的治疗方法 / 130

治疗不快乐的方法 / 133

Chapter 8　怎样对抗压力反应

冥想 / 140

如何进行冥想 / 140

产生放松反应的其他方式 / 143

自我疗愈的方法 / 145

第三部分　开具处方

Chapter 9　彻底的自我关爱

我是怎样成功疗愈自己的 / 154

让身体做好发生奇迹的准备 / 158

进行疗愈的邀请 / 164

Chapter 10　自我疗愈的六个步骤

第一步：相信你可以疗愈自己 / 169

第二步：找到恰当的支持 / 171

第三步：倾听你的身体和直觉 / 173

第四步：诊断疾病的根源 / 175

第五步：为自己开具处方 / 187

第六步：对结果放手 / 191

附录 A　关于身心合一的八条建议 / 197

附录 B　莉萨个人的自我治疗诊断书 / 199

附录 C　莉萨的个人处方 / 202

Mind Over Medicine

第一部分
相信自己

Chapter 1　健康理念中那些令人震惊的真相

今日之我必为昨日思维之果，今日之思将为明日人生之始：思维创造生活。

——《法句经》

1957年，布鲁诺·克洛普弗（Bruno Klopfer）博士①报道了菲利普·韦斯特（Philip West）医生与患者赖特（Wright）先生的案例。赖特先生罹患淋巴肉瘤（lymphosarcoma），已经到了晚期，韦斯特医生为其进行治疗。所有可尝试的治疗方法均未能起效，而赖特先生也已经时日无多。赖特先生的脖子、胸部、腹部、腋下以及腹股沟等处均布满了肿瘤块，脾脏和肝脏明显肿大。肿瘤还使他的胸腔每天产生近两升的混浊积液，为了能够呼吸，这些胸腔积液必须及时排净。鉴于实际病情，韦斯特医生认为赖特先生的剩余寿命不会超过一周。

尽管主治医生已经下达了病危通知，但赖特先生仍极度渴望活下去。他将求生的希望寄托在一种被广泛看好的新药克力生物素（Krebiozen）上。他恳请医生能够采用这种新药为其治疗，然而问题在于，这种药物在临床试验中的受试对象至少经诊断还有三个月寿命，而赖特先生的病情过重，即使采用该药也无法保证疗效。

赖特先生并没有轻易放弃。当得知存在这种新药并坚信这就是能够使他病情改善的特效药时，赖特先生反复纠缠他的医生，直至韦斯特医生不情愿地答应他的请求，为其注射克力生物素。韦斯特医生是在周五进行的注射治疗，尽管进行了治疗，但实际上医生自己都不认为赖特先生能够撑过那个周末。

---

① 译者注：罗夏墨迹测验著名先驱。罗夏墨迹测验是一种心理学的个性测试，让被试者通过一些对称的不规则墨迹建立自己的想象世界，在无拘束的情景中，显露出其个性特征。

令韦斯特医生震惊的是，在下一个周一，他发现他的患者竟然能够下床散步了。据克洛普弗博士的报道，"赖特先生的肿瘤如同火炉中的雪球般迅速减小，各处肿瘤的大小均减小到原有尺寸的一半。"在首次采用克力生物素治疗10天后，赖特先生出院，明显不再受到肿瘤的困扰。

沉疴尽去，赖特先生兴奋到无以复加，在连续两个月内一直对克力生物素充满溢美之词，称赞其为治疗淋巴肉瘤的灵丹妙药。然而两个月后，开始有科学文献公开质疑克力生物素的实际疗效。出于对科学文献报道结果的信任，赖特先生深受打击，而他的肿瘤也寻隙而归。

由于发自内心地想要帮助他的病人，这次韦斯特医生决定采取一些不太光明的手段。他告诉赖特先生，最初的一批克力生物素在运送的过程中有些变质，因此减弱了药物的疗效，但他能够为赖特先生提供新进的一批高浓度、超纯净的克力生物素，其疗效能够得到有效的保证。①

然后韦斯特医生以高纯度特效药之名为赖特先生注射了一些蒸馏水。

接下来，就是再次见证奇迹的时刻。是的，肿瘤消失了，胸腔中的积液也随之去无踪，赖特先生再次享受到了两个月的美好时光。

不幸的是，美国医学协会把事情搞砸了：他们披露，通过全国范围内的研究，克力生物素被证明一文不值，这种药物对于肿瘤并没有实际的疗效。赖特先生对于治疗完全失去了信心，肿瘤如期而至，而他也在两天后辞世。

当我读到这篇报道时，我确定一定以及肯定，这个案例不可能是真的。恶性肿瘤怎么可能仅仅因为注射了一些蒸馏水就能够"如雪球般融化"？若报道属实，而且仅采取如此简单的措施就能够让恶性肿瘤一去无踪，那么肿瘤科医生为什么不在病房里闲庭信步，直接为肿瘤晚期患者注射蒸馏水进行治疗呢？反正他们已经没有什么可以失去，这样做难道还能有什么坏处？

整个案例看上去不大可能，所以我继续关注下去。可以肯定的是，如果这

---

① 原注：这是一个赤裸裸的谎言。

个故事中存在些许事实,那么在相关文献中一定会有类似的报道。

《临床研究杂志》(*Journal of Clinical Investigation*)报道了另一位被严重恶心、呕吐困扰的患者。医学仪器测试结果显示,她的胃收缩极其紊乱。为此她拿到了一种神奇、强效的新药,医生向她保证,这种药物对治疗恶心绝对有效。

几分钟后,她就不再感觉到恶心,仪器测试的胃收缩变得正常。但事实是,她的医生说谎了。所谓的强效新药治疗,实际上是让她服用了催吐剂,相对于遏制恶心症状,该药物对于引起恶心呕吐更加在行。

尽管服用催吐剂会使她的症状加剧,但当这个饱受恶心折磨的患者认为她的病情能够得到缓解时,她的恶心症状和紊乱的胃收缩全都消失了。

我坐在那儿,挠挠头。上述案例令人惊奇,但这些个案并不能证明什么。

假手术的治愈力量

不久之后,我偶然在《新英格兰医学期刊》上发现了一篇论文,该文章为整形外科医师布鲁斯·摩斯利(Bruce Moseley)医生的专题报道,这位外科医生因能开展手术缓解患者的膝关节痛楚而得名。为了证明自己膝关节手术的成效,他设计了精巧的对照试验研究。

试验中的一组患者接受了摩斯利医生的著名手术;另一组患者进行了精心设计的假手术,但他们对此毫不知情——手术过程中患者处于麻醉状态,而且与真正的手术相同,假手术在对照组患者的同样位置开有三个切口,并通过显示器为他们播放其他人的预录手术录像。摩斯利医生甚至在周围溅水,以模仿膝关节灌洗操作的声音,然后再对患者的膝盖进行缝合。

正如预期,接受真正手术的患者中,有 1/3 感到膝盖处的疼痛有所缓解。但真正令研究者震惊的是,接受假手术的对照组得到了同样的结果。事实上,从某一方面来说,鉴于对照组患者在膝盖处只有切口,而并没有真正地遭受手术的创伤，接受假手术的对照组患者在膝关节处所受的痛苦很可能比接受真正手术的患者要小。

摩斯利医生的患者怎样看待研究的结果呢？正如一个得利于摩斯利医生假手术的二战老兵所说："手术是在两年前做的，迄今为止，我再也没有受到膝伤的困扰。现在我感到两个膝盖一样正常。"

这项研究给了我会心一击。

赖特先生和服用催吐剂的女士只是个案，众所周知，个案存在特定倾向性，没有共性。在学习分析科研数据时，我一直被告知，具有普遍意义的医学研究应当是随机的、双盲的、具有安慰剂对照组的临床试验，上述标准发表在经过同行评审的期刊上，它得到了同行的广泛认同。

然而摩斯利医生的研究正是进行了随机的、双盲的、具有安慰剂对照组的临床试验，且成果发表于当今世界上最具权威的医学杂志之一。该项研究表明，有相当一部分患者的病情得到改善仅仅是因为他们内心相信自己得到了手术治疗。

这项研究成果有力地证明，心理力量可以对身体症状产生明显作用，这是我对此所收集到的第一手真实证据。摩斯利医生的研究使我对安慰剂效应产生兴趣并对其展开研究，这种效应可以复现，仅通过假治疗就能使患者获得如同真正治疗那样的效果，它是如此地神秘而又成效斐然。

有效的安慰剂

如同每一位科学家那样，关于安慰剂效应，我早有耳闻。虚假治疗，例如糖药片、生理盐水注射和假手术，在现代临床试验中通常被用来检测某种药物、手术或治疗是否真实有效。安慰剂的英文单词"Placebo"来源于拉丁文"我会感到愉悦"（I shall please），早期在医学术语中出现意为保守治疗，通常用于神经症患者的心理抚慰。

在长达数个世纪的时间里，医生们虽然开具处方对患者进行治疗，然而并没有任何临床数据能够证明这些治疗具有真正的疗效。没有任何人对医生的处方提出质疑，也没有人进行实际研究以证明处方中是否具有任何有效的成分。医生只是把一些补药混合起来，对患者进行治疗，然后总有一部分患者的病情有所好转。再不然就是医生在患者身体上进行手术，病人的病情要么缓解，要么没有。

直到19世纪末，采用安慰剂的想法才开始出现于临床研究中。1955年《美国医学会杂志》发表了亨利·比彻（Henry Beecher）医生的研讨文章"有效的安慰剂"（The Powerful Placebo）。文章指出，如果对病人采取药物治疗，很多患者的病情都会明显好转；但如果仅采用纯盐水或非药用成分进行治疗，约有1/3的患者仍会被治愈，这种疗效不仅仅表现在心理上，在生理上同样如此，这是可以通过身体机能得到证明的。

转瞬间，"安慰剂"的概念成了当代药物学的主流，并由此诞生了现代临床试验研究。目前，成功的医学研究必须能够证明该药物或手术在临床中的疗效明显优于安慰剂的疗效。只有当一种药物或手术能证明其疗效比安慰剂更强时，方能视作具有真实的疗效。否则，食品及药物管理局（FDA）不会批准该药物的申请，人们对该种手术也会兴趣大减，而这种治疗方法也会如同摩斯利医生的手术那样被视作无效。不能表现出优于安慰剂疗效的治疗方法被认为违背了医药学的循证原则，这也是区分神医和庸医的直接依据。

我大约是被指教了。

它使我不断思考，安慰剂效应究竟是什么？直到我开始自己的研究，我都没能终止对这个问题的思考。我们都知道，在临床中，仅仅采用糖药片对患者进行治疗都能使其病情缓解，但为什么会是这样呢？

当我在寻找心理能够影响生理的证据时，我意识到我找到了安慰剂效应的起源。如果临床中相当一部分患者仅仅因为他们相信自己得到了有效治疗就能够使病情得到好转，那么他们的身体能够产生这样的反应就是由他们的心理力量触发的。这种认知让我陷入了混乱。

积极信念能够减轻生理病症的证据

回到前文中提到的医学杂志,越来越多的证据表明,相信身体得到有效治疗的念头已经足够使生理病症产生切实的缓解。我发现近半数的哮喘病人能够通过假的吸入器或针灸治疗使病情减轻,约四成的头痛患者在服用安慰剂后能够缓解病症,约一半的结肠炎患者在进行安慰性疗法后病情好转,安慰剂能够使大多数的溃疡患者减轻疼痛。假针灸能够为近五成的病人缓解潮热,形成鲜明对比的是,真正的针灸仅对 1/4 的患者有效。此外,多达四成的不孕患者在服用"安慰剂"助孕药后成功怀孕。

事实上,与吗啡相比,安慰剂对于镇痛几乎同样有效。许多研究表明,患者在服用抗抑郁剂后产生的几乎全部愉悦反应均可归功于安慰剂效应。

并非只有口服或注射的安慰性药物令人好奇药物何时开始缓解病症,摩斯利医生的膝盖手术研究已经证明,假手术也许更为有效。在过去,乳房内动脉结扎被认为是心绞痛的标准疗法,其基本思路为,如果阻断了动脉内的血液流动,更多血液将流往心脏,从而缓解因冠状动脉供血不足引起的病症。数十年来,外科医生们一直这样进行手术,几乎所有患者的病情在治疗后都得到了好转。

但这种病情的好转真的与乳房内动脉结扎有关吗?还是说病情的好转其实是由于患者认为手术有效,从而使身体对这种想法产生了应激性反应呢?

为了究其原因,在一项研究中,心绞痛患者被随机分为两组:一组患者接受治疗;另一组患者仅接受胸部开创,而并未进行乳房内动脉结扎。

让我们看看接下来发生了什么:有 71% 接受假手术的患者病情明显好转,而在真正接受乳房内动脉结扎治疗的对照组中,这一数据仅为 67%。目前乳房内动脉结扎不再用于临床,而仅仅存在于医学史中。

上述我所收集的数据令人印象深刻，我不得不怀疑，如果排除了那些临床试验中减弱安慰剂效应的因素，这些数据可能更加触目惊心。如果研究人员认为安慰剂效应是一种值得期待的积极因素，也许我们会在临床试验中看到更高的百分比，然而大多数研究人员并非如此。相反，临床试验的组织者和医学研究人员①在否定安慰剂效应的道路上乐此不疲。毕竟，一种药品需要使患者获得优于安慰剂对照组的药效方才能被批准投放市场。为了筛选出那些具有"极度安慰剂反应"的药品，临床试验对象均服用惰性药剂作为对比，只要有人获得了明显疗效，该药品当即被从研究中剔除，就这样，许多随机、双盲、具有明显安慰剂性质的药品被当作"失败品"而提前出局。

因此，如果大部分新药的研究人员没有与大型医药公司串通，在临床试验中我们会看到更高比例的安慰剂反应比例。

是否每个人都会对安慰剂产生反应

在我考虑安慰剂效应时，我发现自己产生了这样的疑虑：若我是一个临床试验的患者，我拿不准自己是否会对安慰剂产生反应。毕竟，我是一名医生，且在临床试验中，我是一名研究人员。我自认是个明白人，所以我认为自己能够清楚地了解自己是否正在接受真正的治疗。如果我怀疑自己服用的是安慰剂，那么它应该不会对我产生任何帮助，难道不是吗？

这使我开始思考：是否有特定类型的患者比其他人更易对安慰剂产生反应？是否有任何数据可以证明，客观上存在能够描述患者对安慰剂响应情况的经典模型？是否有些性格特点或智力因素可以预示哪些人在接受安慰剂治疗时能够获得更显著的疗效？是否高智商人群对安慰剂的响应率更低？是否有些人更容易上当受骗？

---

① 原注：这些人员通常受聘于医药公司。

科学家们已经对此进行了研究。研究人员最初假定能够对安慰剂产生明显反应的患者为低智商人群或更加容易"神经过敏"的人群，但接着他们就发现，只要条件适合，几乎每个人都会对安慰剂产生反应。我们都是易受影响的，即使你的身份是医生或科学家。事实上，某些研究表明，高智商人群甚至更易对安慰剂产生反应。

我把这一结果当作喜讯，其原因在于，若积极的信念能够治愈身体的创伤，每个人就拥有了同等的机会从中受益。并不仅仅只有易上当的人们是这样，机智的人同样如此。

安慰剂产生的疗效是否仅仅存在于脑海中

随着研究的继续，我已经不十分清楚我到底在研究什么。很明显，我所收集的证据看上去很可信。当患者——不仅是那些易上当的人，而是所有患者——相信他们能够好转，他们中的相当一部分都体验到了明显的病情改善。

但这并不能完全满足我的好奇心。我可以做出如下论断：症状的缓解仅仅存在于你的脑海中。毕竟，如果不是思维感知，那么什么是痛苦？如果不是一种心理状态，那么什么是抑郁？即使对于某些确定的病症，如哮喘和结肠炎，你也可能会察觉到自己能够呼吸更顺畅或认为你的肠胃不适有所减轻。也许你的内心感受已经改变，但身体上并未产生任何可测的生理反应，也许那仅仅是你认为如此，这已经足够使你感觉好转。

若心理力量确实能够治愈身体，一定会有某些途径能够证明身体确实产生了反应，并不只是症状的减轻，而是通过生理可测的方法，并能进行科学的研究。因此，我的下一阶段研究任务是探寻足够的证据证明安慰剂效应并不仅存在于脑海，而是能够切实改变身体的生理状态。

已发表的受安慰剂影响的临床试验成百上千，想在其中找到一个确切的结果并不是一件容易事，主要是因为在我所接触到的大多数研究中，那些病症，如头痛、背痛、抑郁和性欲减退等都难以定量分析。当患者感受到上述病症的好转时，不得不说，他们的主观性太强了，并没有客观的测试证明这些结果的正确性。

但最终我还是找到了证据来证明，至少在一段时间内身体会对安慰剂产生响应，从而产生切实的生理变化。当患者接受了安慰剂治疗，一系列变化产生了：血压降低，病疣消失，溃疡治愈，胃酸改善，结肠炎症消失，胆固醇下降，经过牙科处理后下颚肌肉放松且肿胀减弱，帕金森氏综合征患者的脑部多巴胺指标上升，白细胞活动增加，脑部病痛患者的病灶区域可以通过成像手段观测到明显的好转。

这些发现让我确信，安慰剂并不是仅仅改变了人的感官，它们同时改变了机体的生化系统，使得整个研究变得越发有趣。

安慰剂效应对于生化系统的影响不知不觉中使我们质疑关于疾病的整个研究体系，但在我取得任何突破性进展之前，我试图研究，是否存在其他解释能够说明为什么病人会对安慰剂同时产生生理和心理反应。是否真的是积极的信念使身体产生变化，还是存在其他因素影响了患者的结果？我所探寻的下一阶段将引导我走进理论研究。

安慰剂效应的五种解释

当临床研究人员谈到安慰剂效应，他们通常指的是这样的整个系列事件：将患者置于特定临床环境，对他们进行治疗处理，且患者了解他们所接受的要么是目标研究治疗方法、要么是安慰剂，再对患者进行制定时间范畴的观察。现在让我们弄清楚安慰剂有哪五种解释说法，进而从中选取合适的角度来对之前所了解到的现象进行解释。

最明显的解释——也是我们愿意接受的一种——就是，患者之所以能够产生病情缓解和生理变化，是因为他们相信他们必将如此。根据知情同意原则，病人知道他们有可能接受安慰剂治疗，但很多接受安慰剂的病人认为他们正在接受真正的治疗（尽管事实并非如此），因此他们期待自己的病情有所好转。换而言之，使你产生不同感受的信念真的能让你感受到不同。

但是积极的信念也许并非产生生理变化的唯一原因。第二种解释是条件反射。我们对于巴甫洛夫（Pavlov）①的经典狗实验②都知之甚详。巴甫洛夫的狗并不只是在看到史酷比美食③时会分泌唾液，当它听到伴随的铃声时同样如此。安慰剂效应也许遵循着同样的工作规律。如果你习惯于从某人那里得到包着白色糖衣的真正药片，并因此而病情好转，那么即使从他那里得到的是包着白色糖衣的糖片，你也许会习惯性地感觉到好转。

第三种解释是，临床试验的患者接收到了情感上的支持。研究安慰剂效应的哈佛大学教授托德·凯普查克（Ted Kaptchuk）经常在期刊和媒体采访中表明观点，他认为，受信赖权威机构的悉心照料才是安慰剂效应等同于乃至更甚于积极信念的原因。临床试验的患者不仅仅接受治疗，同时还会感受到来自于白衣天使们的关注和支持，有时还有抚慰，而白衣天使的形象一直以来代表着健康和康复。我们都渴望被关注、被倾听以及被爱，仅此即可使病症缓解，并刺激身体产生生理反应。这再次验证了心身的联系。

人们能够对安慰剂产生反应的第四种解释是，一部分参与临床试验的患者偷偷地寻求其他的治疗方式，使得试验数据产生混乱。如果安慰剂组的患者病情好转，很可能他私下采用的其他治疗方式才是真正的原因。

第五种解释是，某些患者病情好转是因为病情的自愈。毕竟人体是一个具有自然康复能力的机体，一直努力达到整个生化系统的动态平衡。即使患者被遗忘在无人问津的角落，其中一部分患者的病情也可能自行好转。尽管关于这个问题目前还存在争议，但是有一些科学家认为病情的自发缓解现象是安慰剂

---

① 译者注：1843–1936，苏联生理学家，曾获1904年诺贝尔生理学医学奖。
② 译者注：即经典条件反射实验，通过在狗进食时摇铃使其形成条件反射。
③ 译者注：最初售于苏格兰格拉斯哥地区的一种汉堡包，是学生中广受欢迎的速食产品。

效应的唯一解释。阿斯比约恩·罗加森（Asbjørn Hróbjartsson）博士和彼得·葛采（Peter Gøtzsche）博士在《新英格兰医学期刊》上发表了标题为"安慰剂是否无能为力？"（Is the Placebo Powerless?）的文章，指出除非研究中还存在对未治疗对照组①的观测结果，否则安慰剂效应并不能被直接证明，而大多数研究并非如此。在上述研究中，他们发现，当对未治疗对照组进行研究时，几乎不存在任何有指向性的安慰剂效应，这就意味着，病情的好转并非是积极信念或悉心照料的结果，而是由于病情的自愈。然而，这一结果因其设计缺陷而备受指责，其他研究人员认为，在研究不同种类疾病的众多不同类型的报道中，进行安慰剂对照组的对比，相当于将苹果和橘子放在一起比较，试验数据很容易引起误解。

无论如何，病情自愈理论在临床研究中的确能够说得通——即使在没有安慰剂的情况下依然如此。但这难道不是更加雄辩地证明了人体是能够自然康复的吗？如果未治疗对照组都能够观察到一部分患者的病情好转，难道这不是证明了人体知道怎样进行自我治疗吗？即使我们坚称安慰剂不存在作为还击②，我们不能否认，未能解释的病情自愈现象发生了。鉴于那些临床试验外自愈的患者并未被医疗保健系统所关注，这一现象也许比我们想象中更为频繁。

现在，我们不得不承认，尽管安慰剂引起的生理变化并不仅是积极信念的结果，但安慰剂效应无疑证明了心身的联系，说明人体具有天生的自愈能力。

安慰剂效应的生理学机制

现在我们已经了解到，安慰剂确实能够起作用，但应当怎样解释人的想法、感受和信念转变成生理变化的生理学机制呢？

---

① 原注：既没有接受药品、也没有接受糖片。
② 原注：多数专家认为其确实存在。

研究人员对于这一问题的答案尚无定论，但目前已提出了几种假设。病情好转的积极想法可能会刺激内啡肽（endorphin）的产生，这种物质是人体内产生的一种具有镇痛作用的激素，能够促进病痛缓解、提升情绪状态。反过来也同样成立：当对安慰剂产生积极反应的患者服用能够阻碍内啡肽生成的烯丙羟吗啡酮（naloxone）① 时，安慰剂突然变得不再有效。

相信病情会变好和接受医疗人员的悉心照料能够缓解心理压力，已知其能预防疾病、放松精神，而这些对于人体自然康复机制的正常运转非常必要。正如初次报道这一论断的哈佛大学教授沃尔特·加农（Walter Cannon）博士所言，人体具有一套应急机制，他将其命名为压力反应，也被称作战斗或逃跑反应，当大脑感受到威胁时，这一机制随即启动。当大脑里产生的想法或感受，如害怕，刺激这种激素分泌时，下丘脑-脑垂体-肾上腺轴（HPA）激活，进而刺激交感神经系统超速运转，从而提高人体的皮质醇（cortisol）和肾上腺素（adrenaline）水平。实践证明，这些激素长期存留在人体内会产生一些生理学体征，使我们更易受疾病侵害。

但正如我们将在第8章详细讨论的那样，正像压力反应是我们面对紧急情况的应急机制，人体同样存在反平衡的放松反应。当放松反应被诱发时，压力相关激素指标下降以帮助人们应对压力，使人放松的激素开始分泌，副交感神经系统接替工作，使人体重新回到动态平衡状态。只有经过这样的休息和放松过程，人体才能够自然康复。任何能够减小压力、产生放松反应的事情不仅能够减轻压力反应产生的症状，还能够放松身体，使其自然而然地开始自愈。

积极信念和悉心照料同样能够影响免疫系统。当人们接受安慰剂治疗时，由于脱离压力反应并开始了放松反应过程，有可能出现免疫功能的提升。安慰剂也可能对免疫系统产生抑制。在一项研究中，大鼠摄入免疫抑制剂环磷酰胺

---

① 译者注：一种吗啡拮抗药。

（cyclophosphamide）后①，环磷酰胺会被自动排出，而后大鼠仅被喂食糖水②。你瞧，即使不再摄入免疫抑制剂，大鼠的免疫系统仍持续被抑制，说明即便是老鼠也会对积极信念和悉心照料产生可测的生理免疫反应。

积极信念和悉心照料还可能使人体减少急性反应，这是一种炎性反应，会诱发疼痛、肿胀、发热、昏睡、冷淡和食欲不振。

前额叶皮层的执行功能也会促成心身的联系，阿尔茨海默病患者紊乱的安慰剂反应明显证明了这一理论。许多阿尔茨海默病患者不能对安慰剂产生反应，证实脑部的特定区域与信念的产生有关，而脑部的这一区域有可能因神经疾病而受损，从而影响患者对安慰剂的表现。进化生物学家罗伯特·特里弗斯（Robert Trivers）声称，大脑近期的期待会影响其生理状态，他还认为，阿尔茨海默病患者之所以不能产生安慰剂效应，是因为他们不能预期未来，因此无法从生理上为其做准备。

安慰剂效应同时还与伏隔核（nucleus accumbens）③中多巴胺的激活有关。科学家对人们被给予钱财后伏隔核区域的多巴胺分泌情况进行了研究，发现伏隔核对财物奖赏的反应越大，患者对安慰剂产生反应，进而使病情好转的可能性越大。

不管其工作机制究竟是什么，我们都可以清楚地看到，心理与身体通过激素以及脑部的神经传递来交流，然后由脑部释放信号使身体的其他部位做出反应。因此我们的所思所感能够转化为身体其他部位的生理变化也就不足为奇。

但其实这还是有些令人吃惊，不是吗？我们并未讨论我们的想法和感受怎样影响身体的健康，但是，如果真是这样，我们为什么不对进入脑海的东西更加慎重呢？我将在本书的第二部分讨论如何保持思维和身体的健康。

---

① 原注：与水混合摄入。
② 原注：作为安慰剂。
③ 原注：脑部参与奖赏机制的特定区域。

是否所有的疾病都会对安慰剂产生同等程度的响应

我研究安慰剂效应的下一个问题是，安慰剂是否对于每一种疾病均能起效。是所有的病症都能对安慰剂产生反应，还是只有特定类型的疾病能够如此？

我发现，几乎所有的临床试验都被证实存在安慰剂效应，但某些情况相较于其他情况表现出更大程度的安慰剂效应。安慰剂对于免疫疾病，如过敏、内分泌紊乱（如糖尿病）、炎症（如结肠炎）、心理疾病（如焦虑和抑郁）、神经系统疾病（如帕金森综合征和失眠）、心脏疾病（如心绞痛）、呼吸道疾病（如哮喘和咳嗽），对于疼痛障碍尤为见效。

但是安慰剂能否用于治疗癌症、心脏病发作、中风、肝功能衰竭、肾病？

在研究中，我并不能找到足够的数据来回答这些问题，也许是因为在临床试验中，对上述病症的治疗采用安慰剂会被认为是不人道的。对于这些谈之色变的疾病，新的治疗方法通常与已有的标准治疗方法对比，因此很难去探寻对安慰剂产生反应的极限条件。

通过我的研究，我本能地感觉到，安慰剂效应仅仅是心理与身体联动系统的冰山一角。它让我逐渐走上心理研究的道路，并不断产生一些我们也许永远无法回答的问题。例如，在临床试验中，对于那些已被通知可能接受安慰剂治疗的患者，有时他们会产生一些引人注目的结果，但如果我们对他们撒谎，又会有什么结果？如果我们进行一项不人道的研究，声称每名患者都在接受当前最有效的新药治疗，却仅仅给他们提供一些安慰剂，又会怎样？当然，公共监管机构永远不会允许进行这种研究，因为它违背了患者的知情同意原则。但如果我们可以进行呢？我怀疑结果会给我们重重一击。为什么？因为就像赖特先生的克力生物素那样，当我们疑虑尽去、坚信病情会好转，并得到医护人员积极的支持时，这些会对我们的情绪产生影响，并对病情产生明显的作用。

我们也许永远无法得知，但我逐渐相信，安慰剂效应仅仅是一个开始。我不得不对此产生思想上的跳跃，问自己一个更重要也是无法回避的问题：我们是否真的能够自我治疗？

揭开自然康复的神秘面纱

在我参加加利福尼亚州佩塔卢马（Petaluma，California）思维科学研究所的假日鸡尾酒会，一边啜饮、一边与该所主任玛里琳·斯切里茨（Marilyn Schlitz）畅聊我的研究时，我找到了问题的部分答案。我告诉了她我遇到的难题，玛里琳笑着瞥了我一眼，说道："没问题！"然后向我展示了由卡莱尔·赫什伯格（Caryle Hirshberg）和布兰登·奥雷根（Brendan O'Regan）编辑的名为"自然康复项目"（The Spontaneous Remisson Project）的在线数据系统。这个数据系统包括一个附详细注释的资料目录，内容囊括了从超过800份期刊中摘录的3 500条参考文献，还有对未能解释的自然康复疾病案例的整理归档。他们将自然康复定义为"疾病或癌症，在未经医疗治理，或治疗手段被认为不能产生相应后果时，病症或肿瘤的完全或不完全消失"。

这份目录包括了某些令人大吃一惊的案例：一个艾滋病阳性患者成功变为阴性；一位患有转移性乳腺癌的女士原本在乳房、肺部以及股骨部位长有肿瘤，在未经任何治疗的情况下自然康复；一位男士原本被血小板堵塞的冠状动脉也成功不药而愈；另一位男士的脑部动脉瘤消失了；还有一位男士脑部的枪击伤口未经治疗而自然治愈；一位女士的心力衰竭症有所好转；另一位患有甲状腺疾病的女士自然康复。

与此同时，我注意到了两本写于20世纪60年代的书籍。二者具有相似的书名，分别是博伊德（Boyd）的《论癌症的自然退化》（*The Spontaneous Reggression of Cancer*）和艾弗森（Everson）与科尔（Cole）合著的《癌症的自然退化》（*Spotaneous Reggression of Cancer*），这两本书引起医学史上类似报道的数目激增。

当我纵览关于疾病自然康复的诸多案例报道后，我感到内心无法抑制地兴奋。大部分报道并未提及自然康复是怎样进行的，也并未采访患者是否相信自身的病症会好转，以及是否采取任何非常规手段来进行过自我治疗。

但是这些研究为我提供了直接的证据，表明几乎没有哪种疾病是真的"无法治愈"。在以往我所接受的教育中，很多患者都已达到病患的末期，且无法治疗，但他们最终自我康复了。很明显，我一直被教错了。

我的大脑保持着高速运转，我经常神经质地发抖，因而我几乎无法下咽。几周之内，我瘦了10斤。从这一点来看，我有目的地改变了自己。

毫无疑问，我已经向自己证明了心理能够疗愈身体，我甚至能够按照逻辑来从生理学角度解释它是怎样发生的。但我知道，我只是刚开始了解心身联系的复杂体系，我仍然无法理解怎样利用心理力量来帮助人们预防和治疗疾病。因此，我选择继续深入研究下去。

Chapter 2　肯定能让自己生病并且阻碍自然康复的方法

永远不要确认或重复你所不愿意让其成为现实的健康状况。

——拉尔夫·沃尔多·川恩（Ralph Waldo Trine）①

在了解了诸多安慰剂效应的好处之后，我对于其反面效应是否成立充满了好奇。如果积极信念和医护人员的悉心照料能够使身体康复，那么消极想法和医护人员的粗心应付是否会对病人的身体有害呢？

首先，我想验证消极想法对于人体生理机能的影响。人们是否具有使自己生病的精神力量？

事实证明确实如此。圣地亚哥（San Diego）的研究人员勘查了近30 000名美籍华人的死亡记录，并将其与超过40 000名随机选择的白种人死亡记录进行对比。他们发现，若美籍华人身患疾病，且其出生年份在中国历法和中医理论中被认为是不幸的，那么他们明显比常人去世得更早②，而白种人并非如此。研究人员还发现，美籍华人越是受中国传统民俗影响，他们的寿数越短。当他们对数据进行分析时，他们认为，这种影响并不能归因于遗传、生活习惯、医疗水平或是可能存在的其他因素。

为什么这些美籍华人去世得更早？研究人员推断，他们去世得更早不在于华人基因，而是由于其所拥有的华人信仰。这些华人认为人的命运是由星宿支配的，因而他们会更早去世，这种消极的想法最终表现为提前终结的生命。

更多相关研究表明，消极想法会影响健康。一项研究证明，79%的医学生表现出了他们所研究疾病的症状。由于他们偏执地认为只要接触了这种疾病就会得病，最后他们"得偿所愿"。

我之所以了解这些是由于个人经历。当我是名一年级医学生时，我学习了

---

① 译者注：1866－1958，美国著名哲学家，是19世纪90年代开始于美国至今仍有很大影响的"新思想运动"中成就最大的思想大师。

② 原注：差不多要早5年。

人体可能失控的诸多方式，不断挑灯夜读来记住连篇累牍的病理学过程，从卟啉症（porphyria）到登革热（dengue fever），从成骨不全（osteogenesis imperfecta）再到嗜睡症（narcolepsy），这些病案设计了数以千计的不同病症。

突然，我感到似乎有什么东西在我的皮肤下爬行。我认为那一定是麦地那龙线虫（guinea worm）①，在我的皮下不断穿行，随时准备破皮而出，露出它的小脑袋。我同时留意到，那天早上醒来时，我感到脚部发麻，我百分之百地肯定这是麻风病（leprosy）的前兆。我手掌上出现的斑点是传染性红斑（fifth disease）的症状。当晚使我睡衣湿透的盗汗，只可能是染上疟疾（malaria）的结果。

在我接受医学教育的过程中，我深受被诊断出的多种慢性病困扰，我将在第9章对其进行详述。因此我深深地怀疑，是我的那些消极健康理念影响了我的健康状况。

我并不是唯一一个受到大量病痛折磨的医学生。事实上，校医务室对于我和其他学生患者的到来似乎并不吃惊，他们在我们不断抱怨和产生大量自我诊断之前显得相当散漫。医生和护士不但在长期对医学生进行治疗的过程中听到了相似的抱怨，他们还告诉我，这种临床综合征被命名为"医属病"（medstudentitis），或者更正式被称为"医学生专属疾病"。

想得病就能得病

不管你是美籍华人、医学生，还是过度将注意力集中在病症上的患者，这些都已被科学证实会使你患病。对于如何使身体罹患疾病了解过多会切实地对你产生危害，你越是将思想聚焦在使身体机能下降的无数种途径上，你越有可能产生生理病症。

---

① 译者注：常见于热带非洲和南亚，寄生在人畜皮下的线虫。

科学家将这种现象称为反安慰剂效应（nocebo effect）。当安慰剂效应证明了积极信念、期待、希望和悉心照料的作用时，反安慰剂效应同样证明了消极想法的影响。当安慰剂通常被认为能够帮助病人减轻痛苦时，反安慰剂（拉丁文意味"我会受害"）被引入临床试验中，以便将安慰剂的慰藉效果从无用治疗可能产生的负面作用中区分出来。

例如：如果在临床试验中，你告诉患者，他们会得到减轻病痛的药品，即使他们只是得到糖片，也有使病痛消失的可能。但如果你告知他们，该种药品可能会引起恶心和呕吐，即使他们从未接触到真正的药品，他们也有非常大的可能性产生此类反应。

在《关爱·治疗·奇迹》（Love, Medicine & Miracles）一书中，伯尼·西格尔博士引用了一项研究结果，在该研究中，参与一种化学疗法新药试验的对照组患者被提供了盐水，但他们被告知提供的物品可能会引起化学疗法的不良反应，结果显示，30%的对照组患者出现了脱发症状。在另一项研究中，患者被提供糖水，并被告知可能会引发呕吐等不适，八成的患者出现了呕吐。

另一项研究针对哮喘患者，这些患者在被告知药品含有刺激性过敏原后，吸入了无害的盐溶液。此后，他们不但出现了喘息和气短，他们的支气管也开始收缩。但对于进行了同样剂量相同溶液治疗的哮喘患者，当告诉他们这种疗法会有帮助时，他们的病情真的得到了缓解。

在一项研究中，超过 3/4 服用安慰剂的患者由于认为自己服用了抗组胺剂（antihistamine）而变得昏昏欲睡。当试验参与者被告知通常用来减缓病痛的麻醉剂氮氧化物会引起疼痛后，他们真的产生了疼痛感。

一篇发表于《巴甫洛夫生物医学杂志》（Pavlovian Journal of Biological Sciences）的文章指出，有 34 名大学生作为被试与监视器连接起来，并被告知将有电流通过他们的头部，由此可能会产生头痛的副作用。尽管并没有实际的电流通过，但超过 2/3 的学生反映出现头痛。

更为夸张的是，即使是想到死亡，效应似乎依然会奏效。哈佛大学教授、波士顿心身医学研究所主任赫伯特·本森（Herbert Benson）博士指出，外科医生对于那些坚信自己撑不过去的病人非常谨慎。诸多案例针对那些在手术中失去求生欲望的病人展开研究，在这种状况下，几乎100%的病人未能幸免。

那些对于手术抱着接近死亡态度的病人与另一组几乎不对死亡产生焦虑的患者形成了鲜明对比。当那些心态平和的病人继续笑对人生的时候，那些认为死亡临近的病人通常撒手人寰。与之相似，认为自己易受心脏疾病困扰的女性，其死亡率是常人的4倍之高。相较于常人，并不是因为这些女性的饮食更差、血压更高、胆固醇更高或是存在更严重的家族病史，而是因为她们的心理存在差异。

一个有趣的临床案例是关于一位具有分裂人格的精神病患者的。该患者的其中一种人格是没有糖尿病的，其血糖指标并不高；但当她转换到另一种人格时，她认为自己有糖尿病，紧接着，她真的表现出了糖尿病的症状，整个人的生理指标发生了变化：她的血糖升高，所有医学检测结果均证明她的确患上了糖尿病。当她的第一人格恢复时，她的血糖指标又恢复到了正常水平。

《多重人格分裂症的治疗》（*The Treatment of Multiple Personality Disorder*）一书的作者、精神病学家班尼特·布劳恩（Bennett Braun）介绍了几个相似的病例。例如：蒂米（Timi）能够正常地喝橙汁，但蒂米只是该患者诸多人格中的一种。对于其他任一人格，该患者都对橙汁过敏，即使只是喝小小一口，也会开始出现荨麻疹症状。但当该患者在表现出过敏反应时，若重新转换为蒂米的人格，荨麻疹便迅速消退，水泡症状开始缓解。

当病人期待一个消极的结果时，反安慰剂效应会引起疾病乃至死亡。在科学研究中，由于研究机构不可能有意进行使病人病情变坏的研究，因此反安慰剂的研究是对道德观念的挑战。鉴于此，能够证明反安慰剂效应的实验数据少于安慰剂效应。我们所得知的绝大多数反安慰剂效应，通常是进行包括安慰剂在内的临床试验研究时产生的副作用。

当进行双盲临床试验的病人被警告在服用试验药物后可能会引起副作用时，尽管他们只是摄入了糖片，近25%的患者会出现副作用，有时还很剧烈。

这些仅仅采用安慰剂治疗的病人出现了疲惫、呕吐、肌肉无力、怕冷、耳鸣、味觉不调、记忆衰退以及服用糖片不应产生的其他症状。

有趣的是，这些关于反安慰剂效应的抱怨从来不是随机的：当病人得到对试验药物或治疗的副作用警告时，这些表现明显增加。告知患者一种药物（或是糖片）的不良反应可能会导致预言自动实现。例如：你若告诉患者，对其采用安慰剂治疗可能会引起恶心，他很可能会感到不适；若你告诉他治疗可能会造成头痛，他也可能真的感到头痛。换言之，你所给出的建议是非常"有力的"。

反安慰剂效应在"巫毒致死"（voodoo death）中表现得最为明显。当一个人受到死亡诅咒时，他接着就死掉了。巫毒致死的概念并不仅仅适用于部落文化中的巫婆。研究结果表明，当患者被错误地通知自己已到病情晚期，余寿无多时，他们往往在给出的时间段内溘然长世，尽管尸检结果并不能给出其过早辞世的生理学原因。

桑福德·科恩（Sanford Cohen）医生介绍了一名艾滋病患者的病例，科恩认为，他去世是由于偶然听到他母亲说希望他去世。患者的母亲得知自己的儿子是同性恋，并染上了艾滋病，这使她蒙羞，因此在其重病监护室外公开地祈祷，希望他能够及早死掉。1个小时后，她的儿子让她如愿以偿。这非常出乎医生的预料，因为他的病情明显还未到晚期致死的地步。

有些研究者认为，那些经前期综合征（premenstrual syndrome，PMS）的患者很可能是受反安慰剂效应所害。由于她们认为生理期前会产生这样的症状，所以这些病痛如期而至。一项研究就此展开，通过给那些深受经前期综合征之苦的女性一些惰性药片，使她们改变行经时间。例如：一位女士的经期通常在月中，在行经前3天会受到经前期综合征的困扰。研究者告诉这位女士，她的经期将在月初到来。

接下来会发生什么？即使她的经期时间实际上并未改变，但她在月初出现了经前期综合征，仅仅是由于她认为她会在这个时间段出现这样的生理病症。

反安慰剂症状在大量人群和个体中得以证实。例如：在 2011 年日本海啸引发的核泄漏事件后，远在美国、并没有证据证明遭受核辐射的人们被报道出现了核中毒的症状。与之相似，成千上万没有证据证明染上猪流感的人们，在包括电视、报纸和网络在内的媒体夸张渲染其流行程度后，被报道出了猪流感症状。相似的流行病出现在媒体对于工作场所、学校、居民区的气体泄漏、奇怪气味、蚊虫叮咬等情况的报道。

为什么会出现这样的情况呢？为什么会有人在摄入生理盐水后开始脱发？为什么他们喝了糖水后会恶心？为什么他们会在人格变化后变成糖尿病患者或是对橙汁过敏？他们的身体和心理层面到底发生了什么？为究其原因，我就这些问题继续深入。

科学家认为，反安慰剂效应主要是由压力反应的激发造成的，同样地，压力反应还会削弱安慰剂效应。当病人被诅咒，无论这来自巫婆、家庭成员还是现代医师，坏消息带来的心理压力会刺激产生压力反应。例如：若病人被告知，他们可能产生病痛①，下丘脑－垂体－肾上腺轴受到刺激，皮质醇指标开始上升。然后患者感受到疼痛和下丘脑－垂体－肾上腺轴的过量刺激，安定（Valium）程度减弱，表明其处于压力状态。

有些科学家提出了这样的理论：患病也许是因为患者太过失望，以至于他们放弃了自我照料，并因此深受其苦。患者也许只是变得抑郁了，而抑郁和不良健康状况的联系非常紧密，我将在第 7 章对此展开讨论。

你并非基因的受害者

心理状态能够引起生理反应的进一步支撑材料来自于分子生物领域的相关研究，这一领域名为"表观遗传学"（epigenetics），意为"基因层面之上的调

---

① 原注：但仅被提供惰性物质。

控"。当谈到表观遗传调控时,究竟什么是"基因层面之上"?

是的,你答对了——心理调控。当你不能改变你的遗传基因时,你可以利用你的心理力量来影响你遗传基因的表现方式。发现脱氧核糖核酸(DNA)双螺旋结构的沃森(Watson)和克里克(Crick)① 提出了传统基因决定论,指出人体是由基因决定的——本质上说,基因决定了我们的命运。如果这是正确的,我们自当是遗传基因的受害者。心脏病、乳腺癌、酗酒、抑郁、胆固醇过高等诸多疾病,你可以一一列举。若你存在家族病史,你基本上就不可幸免了。

基因决定论的规律,正如一直以来被教授的那样,是非常简单的。你的DNA 伴随着你的出生,在转换为蛋白质前,其包含的遗传信息被复制到 RNA中。但是表观遗传学的相关研究得到了一些新的研究成果,这些发现使基因决定论遭受质疑。

目前,科学家认为外界信号,如营养、居住环境乃至思维和情绪状态,都会对调控蛋白质产生影响,而调控蛋白质决定了 DNA 所包含的遗传信息如何甚至是否会以既定方式显现。换句话说,它并不像以往认为的那样一成不变。

越来越多的科学证据表明,人体的生理状态,是你"相信自己会更好"与"认为自己会生病"这两种想法之间的博弈。然而,对于大多数人而言,我们的健康理念形成于孩童时代,那些负面想法已根植于脑海,不会轻易靠我们的心愿而抹去。

悲哀的是,我们中的大多数并没有形成积极的健康理念。相反,自儿时起,我们不断给自己灌输一些妨害身心健康的负面想法,如"我很容易感冒""我总是饮食过量""我可能不会高寿""我的家族有癌症病史"等,这些想法触发了使身体变差的生理机制。

---

① 译者注:他们于 1953 年提出了描述 DNA 二级结构的双螺旋结构模型,1962 年荣获诺贝尔生理学医学奖。

这些自儿时起便逐渐形成的想法不仅与生理健康有关，还会演变成更深、更广泛层次上限定自我发展的消极想法。①

走进表观遗传学

正如其表现的那样，转变观念确实能够改变人的大脑与身体其他部位的交流状况，进而改变人体的生理状态。并不仅仅只有大脑具有这种适应性。尽管人无法改变自己的遗传基因，细胞生物学家、作家布鲁斯·李普顿（Bruce Lipton）博士声称，你也许可以通过自己的信念转变遗传基因的表达方式。

你的遗传密码就像设计好的蓝图一样，可以有成千上万种理解方式。在人体基因工程（Human Genome Project）开始之前，生物学家认为人体拥有至少120 000个基因片段，每个基因片段对应人体的一种蛋白质。因此当研究人员发现仅仅只存在约25 000个基因片段，且每个基因片段存在多种表达方式时，他们相当困惑。

事实上，如今我们已经得知，通过环境影响调控蛋白质，这25 000个基因片段中的每一个都存在至少30 000种表达方式。② 研究发现，环境因素可以消除特定基因突变的影响，有效地改变DNA的表达方式。这些被改变了的基因能够遗传给后代，使其能够以更健康的方式表达，尽管突变的基因信息仍存在于家族的基因图谱中。

关于表观遗传调控的研究对于我们如何看待基因是革命性的。我们过去认为某些人种具有"优秀基因"是得到上天眷顾的，而其他人种是被诅咒的，其中的一些被医学界冷血地称为"低劣的原生质（protoplasm）"。事实上，几乎没有疾病是单一基因突变的结果。少于2%的疾病，如囊胞性纤维症（cystic

---

① 原注：例如，"我没有钱""我不够聪明""我不会发大财""我是个失败者""我注定孤独终老"。
② 原注：自己算一下！

fibrosis)、亨廷顿氏舞蹈病（Huntington's chorea）以及地中海贫血症（beta thalassemia），是由于单个基因片段错误引起的，只有约5%的癌症和心脏疾病可归因于遗传。科学家认为，环境对于染色体组的影响要远大于遗传基因。这意味着，大部分病症能够用如营养、激素变化甚至是爱等环境因素的影响来解释。因此，我们并非基因的受害者。

人体如同培养皿

李普顿的书引发了我的兴趣，也让我对此越发好奇，因此我采访了他。他向我解释，作为一个细胞生物学家，他热衷于研究干细胞。所谓干细胞，是指能够发育成任一器官的细胞。他在培养皿中置入1个细胞，采用营养液进行培养，干细胞分裂为若干个相同的细胞。李普顿将所有的细胞分到3个培养皿中，各培养皿具有不同的营养液①。他发现，这些不同的环境条件决定了干细胞是发育成为肌肉细胞、脂肪细胞，还是骨细胞。虽然所有细胞的基因相同，但是他们却具有不同的基因表现方式。相同的DNA序列最终被表达为各种不同的细胞。

是什么决定了细胞的命运？并不是基因，它们具有相同的遗传信息，唯一的不同在于环境条件。细胞所处的环境条件还决定了细胞能否保持健康。处于"好"环境条件②中的细胞能够健康成长，而处于"坏"环境条件③中的细胞则产生病态。

李普顿说："如果我是研究细胞对抗疗法（allopathic）的医生，我会对产生病态的细胞进行诊断。当然，它们需要药物来恢复健康，但那并不是它们真正需要的。若你将病态细胞从坏环境条件中取出，放入好环境条件中，它们能

---

① 原注：不同的环境条件。
② 原注：健康的细胞营养液。
③ 原注：不健康的细胞营养液。

够自然恢复，完全不需要任何药物。"

有一天，他正在实验室观察细胞，李普顿突然得到了灵感。他意识到，人体与实验室中的细胞并没有本质区别。李普顿说："人体不过是由50兆[①]细胞组成的、有皮肤覆盖的培养皿。不管细胞是位于人体内，还是在培养皿中，其实都没有差别。人体内细胞的培养液是浸没细胞、为其提供营养的血液。如果我们改变血液的成分，就相当于改变细胞的培养基质。那么，控制血液成分的又是什么？大脑是改变细胞所处环境条件的总调控师。大脑与滴入化学物质的培养皿相似，可以分泌神经类多肽（neuropeptides）、激素、生长因子以及其他化学物质，从而改变细胞的生长环境。"

当我问到心理是怎样改变细胞生长环境时，李普顿解释说，大脑能够产生知觉，但心理才具有分析理解能力，这关系到人是怎样理解事物的。例如：张开双眼，你能够看到有一个人[②]，大脑接着通过血液释放催产素（oxytocin）、多巴胺、内啡肽以及其他能够为全身细胞提供健康基质的阳性化学物质。

从另一方面来说，如果你张开双眼，看到有一个人[③]，你的内心若认为这个人很恐怖，大脑继而会释放压力激素以及其他产生恐惧的化学物质，从而危害到细胞的健康。李普顿说道："当我们把对疾病的认识从害怕和危险转变为积极的观点，大脑能从生物化学的层面进行响应，血液就能改变人体内的细胞培养基质，细胞进而就能够提升其生理指标。"

当李普顿博士向我解释这些时，我的内心舒了一口气。出人意料地，之前的一切都能够解释得通了。心理层面的认知决定了我们将事物看待为积极的[④]或消极的（对于反安慰剂效应），大脑会据此分泌出激素和神经递质。当我们的想法积极乐观时，受副交感神经系统控制，大脑分泌的化学物质使人体处于

---

① 1兆 = 10^{12}。
② 原注：这是你大脑的客观感知。
③ 原注：人体感知。
④ 原注：对于安慰剂效应。

生理上的休整状态，使人体的自我恢复机制启动，进而对人体的受损部位进行修复。

然而，当你心里具有消极想法时，大脑会将其解释为恐吓。就如同一头狮子在追赶你，你此时应当奋力搏斗并逃生。当人体的压力反应被激发时，人体便不再对保持细胞活力、自我恢复以及抗衰老等长远问题产生关注，因为仅仅是让你能够从狮口逃生已经足够繁忙了。在你即将被吃掉时，如何使你的免疫细胞吞噬掉癌细胞或是进行新的细胞生长，统统都是毫无意义的。

随着时间的推移，反复激发压力反应的负面想法会对身体产生不利影响，细胞的生长环境会被压力激素毒化，因此身体患病以及在自我恢复上出现问题也就不足为奇了。

子宫中发生了什么

环境因素对遗传基因表达方式的影响能够回溯到胎儿时代。很多成人疾病，如骨质疏松和抑郁，都与胎儿期和出生前后的发育情况有关。再一次，这使得基因决定论经受考验。

在《子宫里的生命》(*Life in the Womb*) 一书中，皮特·纳撒尼尔斯（Peter Nathanielsz）博士解释了为什么存在众多证据表明胎儿在子宫中的发育条件对于整个生命健康状况存在重要影响，这种影响即使不比一生中基因对于身心健康状况的影响更重要，两者的重要程度也不相上下。他将基因决定论这种不周全的认识称为基因短视。

我们在婴幼儿期间受到的影响会改变婴儿的大脑发育状况，影响脑部的感觉器官，会对成人阶段人体对于压力刺激的反应带来影响，并在之后的生活中转变为病患。事实上，早期阶段母婴联系的缺失不仅会影响我们的身体，还会威胁到整个社会，使之向抑郁、激进和毒品泛滥的方向发展，从而影响到整个文明的和平进程。

换言之，父母可能在一眨眼的功夫内就对我们的健康造成深远影响。我们在胎儿期受到的不利环境影响会发展成为影响我们整个人生的诸多慢性病。

你的潜意识

我们的父母同时在潜移默化地改变我们的想法。我们在年幼时所接触到的父母的消极观念会不自觉地进入我们的潜意识，例如"你太弱了""你长大后会迅速发胖并得上糖尿病"。你的潜意识从你的父母、师长以及其他影响你早期生活的人那里获得诸多观念，除非你学会如何管理个人的潜意识，否则这些他人的观点会逐渐成为你个人人生观的一部分。通常在6岁以前，这些就已经确定下来，很少人能够在之后再进行潜意识的检验和改造。鉴于我们在孩童时并没有对其进行有效控制，难怪大多数人在成年后一直与那些妨害健康以及生活各个方面的不良观点作斗争。

即使成年人的意识充满了正能量和希望，但在超过95%的时间内，依然是潜意识决定着你的行动。那些使我们不能将注意力集中到正能量上的习惯性负面想法，逐渐成了我们人生中的常态。它们存在于我们睡觉、工作，甚至未能刻意重复积极信念的任何时候。由于潜意识里我们认为自己会生病，大脑感受到这一威胁，触发压力反应，因此这些消极想法会激发反安慰剂效应。接下来的事情你已经知道了，你的身体再次忙于从你眼前的狮口下逃生，于是开始陷入疾病之中。

潜意识的力量解释了为什么积极信念能够让你在人生的道路上不断前行。多少次你阅读了励志书、参加了讲习班、许下了新年愿望、发誓要改变人生，却在1年后发现人生依旧困于现状？由于我们的意识仅仅只在5%的时间内有效，所以它不足以克服潜意识对人生的重要影响。为了使思想能够切实得到长期转变，我们必须从意识和潜意识的层面同时进行改变。

你应当怎样去引导孩子的成长

我们中的许多人在儿时就开始规划自己的健康理念，但少有父母教育我们，我们的信念具有治愈以及摧毁身体的力量。与之相反，我们通常习惯地认为，我们的身体与我们的心理力量无关，我们几乎没有任何办法帮助自己得到健康的体魄。

作为孩子，多数人被告知，当生病时，我们应当去看医生并获得治疗。当一个孩子跌倒了，磕破了膝盖，几乎没有父母会说："宝宝，现在你的膝盖能够集中注意力到自我痊愈上。"并不是这样！我们会急忙去找药膏和创可贴。去找药膏和创可贴并没有错，但这样会给孩子错误的观点，让他们认为我们的身体依赖于外部的治疗，而不是人体所具有的自我恢复能力。作为成年人，我们最终还是选择相信自己对于自我的健康状况无能为力，尽管事实上我们具有极其可观的力量。

我是通过这种方式进行自我规划的牺牲品。孩童时，嗜食过咸的食物而不是甜食，是我最大的问题。我喜欢喝汤、吃薯条、奶酪以及任何开胃菜，我妈妈经常告诉我，如果我吃太多盐，我长大后会得高血压。虽然事实上我并没有高血压家族病史，我的父母血压都相当正常，但我的潜意识逐渐习惯了我会在长大后得高血压。

因此，在我 20 岁左右时，尽管相当苗条，我还是被诊断出了高血压，尽管这对于没有家族高血压病史的健康女性并不常见。

数年后，当我开始研究积极和消极信念的作用时，我开始意识到，我的潜意识中产生了怎样的健康理念。这会是巧合吗？我会不会注定会得高血压？也许会这样，谁都无法肯定，但这会发人深省……

想象一下，如果父母有意识地引导你年幼的潜意识，让你相信人体具有超乎寻常的自我疗愈能力，而不是教育我们，一旦生病应该立马跑去看医生以接受治疗。想象一下，若是这样，我们的潜意识会是多么健康。

我开始用我所学来教导我的女儿锡耶娜（Siena）。当她三四岁时，我还未形成现在的健康理念，我的先生马特（Matt）会在锡耶娜生病或受伤时开玩笑。他会模仿急救汽笛声，抱着锡耶娜在屋里绕圈跑，并喊道："赶快！赶快！有人呼叫急救！我们必须带锡耶娜去儿童监护室，帮她装上假腿①。"她会开始笑，然后我们用创可贴对伤口进行包扎或带她去看医生。但事实上，我们向她的潜意识传递了这样的信息："你必须去儿童监护室才能康复。"在这样的潜移默化中，想让她接受人体是可以自我疗愈的无疑相当困难。

直到我开始研究人体的自我疗愈过程，马特和我对于我们可能在无意中对锡耶娜的健康和成长产生了怎样的影响一无所知。当然，我的母亲也只是想让她的孩子能够健康和快乐，但大多数人并未意识到，我们究竟向孩子传递了怎样的信息以及这些做法会对他们今后的生活产生怎样的影响。

现在，马特和我已经改变了对锡耶娜关于疾病、受伤和康复过程的说法。如果她起床后感到肚子疼，我们会提醒她，她拥有自我疗愈的能力，并给她安慰剂，如止咳糖浆、薄荷糖，有时是退烧药或顺势治疗药（homeopathic remedy）②。当我们给她药的时候，我们会说："这只是帮助你进行自我疗愈。"

在我们开始这样做以后，她开始以一种全新的方式谈论疾病和受伤。当她因摔倒而磕破膝盖时，她会迅速爬起来说："别担心，妈妈，我的膝盖知道怎样自我疗愈。"

我的先生和我在此后再也没有在通常认为需要的场合对我们的孩子进行医学治疗，这也是我现在向所有人推荐的。如果锡耶娜被诊断出得了重病，我们还是会迅速带她去看医生。但我们发现，锡耶娜除了例行检查外几乎不需要看医生。再者，她现在如果在幼儿园受凉或染上流感，她会更快地康复。也许，

---

① 原注：或嘴唇或鼻子。
② 译者注：顺势疗法是一种不同于中医和西医的独立治疗体系，18世纪由德国犹太医生哈尼曼发现，其药物是经无数次稀释和有规律地振荡配置而成，药物中已经不含原物质，剩下的是原物质在水分子中留下的分子记忆信息和物理势能。

当她再大一些，我们对于她潜意识的儿时培养会使她更加容易克服任何有碍于自我康复的想法。

那么对你而言呢？如果你的父母从未对你的潜意识进行规划，让你相信人体能够自我疗愈，你会怎样？如果你想要相信精神力量能够治愈身体，但事实上却做不到这一点呢？如果你感到前途渺茫、倍受打击，也请你不要绝望。好消息是，会诱发反安慰剂效应、导致不良健康状况的消极观念是可以重塑的。①

医学的魔法

一旦我们从潜意识的层面改变了自己的想法，我们就能够优化人体细胞的生长环境，进而改变遗传信息的表达方式。我们并不是基因的受害者，我们能够掌控自己的命运。

现实结果是如此令人瞩目，但我对于不能早点儿获得这些认知感到愧疚。当我复诵希波克拉底誓言②时，我保证做到："第一原则是，不准伤害。"但我时常感到愧疚，因为我可能无心中伤害了我的父母，因为我并没能成功地让他们形成正确的健康理念，同时把我的个人观点强加给他们可能伤害了他们的感情。

当我们告诉某人"九成类似的患者活不过6个月"或是"你有20%的概率存活5年"时，这难道与原始部落的巫毒做法差得很远吗？我们是不是在诅咒他们，这会不会触发他们的恐惧反应，从而在他们的身体需要放松的时候，导致他们在心理上激发了压力反应？

当我们宣称病人"无法治愈"或是将其归为如多发性硬化、克罗恩病

---

① 原注：对于怎样使潜意识由消极观念向积极观念转变，请看第10章。
② 译者注：立誓拯救生命及遵守医界准绳。

（Crohn's disease）或是高血压等"慢性病"患者，并告知他们这些疾病会伴随一生时，实质上我们是不是在害他们？有什么证据能够证明，他们不是那些自发康复项目的一员，尽管染上了所谓的无法治愈的疾病，却能够沉疴尽去、安然痊愈呢？

在《自发康复》（*Spontaneous Healing*）一书中，安德鲁·韦伊（Andrew Weil）博士说道，医生可能不知不觉地参与到了他所谓的"医学的魔法"中。当我们声称病人染上"慢性""无法治愈"或是"晚期"疾病时，我们也许对他们的潜意识进行了负面改造，激发了他们的压力反应，而这对他们弊大于利。将患者进行负面诊断分类，无疑剥夺了他们保持治愈的希望。如果我们能够给他们多一些希望，使他们增强求生欲望，从而刺激身体产生有益于健康的物质，来激发人体的自我康复机制，难道不是更好吗？

当我父亲被诊断出转移性黑色素瘤时，现实是残酷的。作为医生，我的父亲和我都知道统计数据：像他这种情况，少于5%的人能够熬过5年，大多数在3个月或6个月内去世。

回顾现在我所知道的一切，我情愿当我们发现父亲脑部长有黑色素瘤时，我们对于这些数据全然不知。只要看一眼数字，希望就全都破灭了——对我们都是这样。我们从未将注意力集中到幸存的那5%的人身上，谁说父亲不能成为他们当中的一个？所有我们想到的，都是那95%迅速去世的人们。

现在，在我了解到上述这些之后，我意识到，医生向患者告知那些统计数据事实上无意识地伤害了他们的亲人。我们无法预知未来，我们也不知道，哪些患者能够幸运地捡回一条命，哪些又会迅速与世长辞。我们的目的很单纯，我们只是秉承着正直诚实的准则，按照病人知情同意原则，希望他们的亲人做最坏的打算，而不是在否认病况之后让他们陷入突如其来的打击而无法自拔。

但若患者是那1/10幸存者中的一个，我们是否告诉过他，尚存挽救生命的一线希望？我们是不是愿意通过全情披露来无情地粉碎掉病人的全部希望，从而使病人对其病情"认清现实"？

我并不是在建议我们回到旧时家长式的作风——"女士，不要担心，没什么大不了的"。在20世纪早期的医学史上，医生通常会对患者隐瞒病况，因为当时认为"如果奶奶得知，那一定会让她悲痛欲绝"。

并不是这样。正直和合作是医患关系的里程碑，不容更改。教育、授权和全情披露是我的做法，但我对怎样传述信息保持质疑。对于所有人而言，无论是医生还是病人，转变我们的想法和交流方式，使我们能够给身体最大的机会来康复，这样不是更好吗？

作为一名医生，我所了解到的是：只要能够做到满怀希望、保持乐观、悉心照料、通力合作和彻底信任，任何病情都存在康复的可能。

Chapter 3　使事态全然不同的治愈因素

对病人进行护理的秘诀在于对他们进行悉心的照料。

——弗朗西斯·皮博迪（Francis Peabody）[①]

我记得有一天，我妈妈打电话给我，抱怨说她胃部非常不适。自从父亲去世后，她就开始饱受胀气和腹泻之苦，但像肚子疼还是第一次。听起来她是被吓坏了，我在5 000千米之外竭尽所能地安慰她。

我在脑海中不断搜索这些症状对应的各种可能的疾病。是胆囊出现问题了吗？存在出血性溃疡？胰腺炎？阑尾炎？肠梗阻？食管裂孔疝？还是反流？

我不断地询问她各种问题：她是否感到发热？恶心吗？最后一次肠道蠕动是什么时候？是否放屁？有没有饥饿感？

她的回答让我相信，这并不是需要去外科急诊的问题，于是我如实告诉她，但还是推荐她去看私人医生。几分钟后，她给我回了电，说已与医生取得联系，医生让她立即前去会诊。

去医生办公室需要长时间的驾驶——几乎要1个小时。在驱车前往的途中，妈妈打电话给我，我问她感觉如何，她说疼痛有所减轻。15分钟后，当她几乎赶到医生办公室时，她再次给我打电话，说："你能够相信吗？这该死的疼痛几乎完全消失了。"

是的，在她赶到医生办公室的同时，疼痛完全消失了。

妈妈打电话说："我发誓，这一直在我身上反复。我想让病情在会诊时更严重，以便医生能够清楚地了解病况，来帮我看看到底是哪里出了问题，但常常是在医生叫到我之前，不适症状就消失了。"

就是这样。

妈妈的医生从来没能查明她为什么会感到不适，但是妈妈和我的对话让我

[①] 译者注：1858－1922，美国商界大亨，业界巨头皮博迪煤业的创始人。

发展出一套理论。妈妈相信医生，她认为医生能够让她恢复健康。很多次，在她感到不舒服时，她去见见医生，立马能够得到好转。她从内心里相信医生能够帮助到她。由于她仔细地挑选了私人医生，因此对其相当喜爱，作为回报，她的医生也对她关爱有加。

但若她去看医生后所感到的病情好转其实只不过是自己的心理对身体产生的作用呢？当妈妈给医生打电话预约时，她的心里如果产生了放松、希望、乐观、亲切等想法，并认为立即可以得到治疗，又会发生什么？她的大脑得到了很大程度的放松，她的内心阻碍了先前压力反应进一步发展，去看医生的想法激发了放松反应，让她的身体得到休息，她的自我恢复机制开始起作用。在她认识到这一点之前，她的身体已经开始解决那些问题，可不是这样，于是病症去无踪了。

在妈妈去看医生的途中，病痛消失了，但事实上，真正起作用的是她自己的心理力量。

当然，这并不是否认医生的作用。当我的先生失手用餐刀切掉了两个手指时，他的医生乔纳森·琼斯（Jonathan Jones）博士利用先进的微创技术成功将其缝合，马特和我开启了彻底崇拜模式。医生在他下班后及时赶到，用显微镜将马特手指上的动脉、神经和骨质依次接合，使马特能够继续使用他的手指，延续其艺术家和作家的职业生涯。我对于这位医界同行是如此感激，于是我手绘了一幅画送给他，以此来表达我对他的尊敬，其在手术过程中展现出的高超医术以及对我先生的关爱、承诺以及奉献精神令人敬仰。

尽管我对琼斯医生倍加感激，但我仍相信马特的自我恢复能力。从一开始，马特就相信他的手指能够被缝合，并成功恢复到受伤以前的灵活程度。他坚定地信任现代医学，即使在切掉手指之后，他睁大眼睛看着我说："一切都会好的。"在整个事件中，他并没有感觉到疼痛，可能是因为他的体内充满了减轻疼痛的内啡肽。当我致电"911"，急救人员赶到家里时，马特表现出了明显的放松。我唯一能够想到的是，他的大脑分泌出了具有治疗功效的激素以及促进健康的化学物质,从而帮助他恢复,并让琼斯医生的工作更加顺利,但事实上,还是需要有人来将手指缝合回去,毕竟断指不可能自我再生。

当医生在救治我们,特别是面对危及生命及肢体安危的创伤或疾病时,需要我们对他们付诸全部信任。当然,有些医生特别有才华,他们能够加速病情的康复过程,使身体快速进入自我恢复阶段。但当医生割除肿瘤、开出抗生素或是进行断骨固定时,我们仍需要依靠人体的自我恢复机制。马特的身体必须使断骨、动脉及神经接合,琼斯医生的工作使其变为可能。

我希望说清楚,当我讨论人体的自我恢复能力时,我并不是在建议说我们需要抵制能够帮助我们的现代医学技术。我相信人体具有很强的自我恢复能力,但我同时认为,我们的身体不应当超负荷运转;当我们将全部期望都寄托在人体的自我恢复能力上时,有时它可能会失效。

当我的母亲不需要医生的实际帮助就能治愈胃部不适时,马特很明显需要琼斯医生的帮助。有时我们必须依赖于先进的现代医学,而有时我们并不需要。但我能够向你保证:在任何一种情况下,找对人帮助你恢复健康都至关重要,我所研究的科学数据均证明了这一点。

医生即良药

患者病情康复,最起码有部分原因是因为他们相信现代医学的力量,并期望在看医生以及他们所信任的医护专家后感到明显好转。我母亲和马特并不是唯二对医生高度信赖的人。很多人在看医生的过程中经历过类似的条件反应。病人开始习惯于看医生,并随之病情好转,因此他们的心理作用在进行真正的医疗处理之前就开始发挥奇效。

但是科学研究结果说明了什么?

我在医学杂志中不断搜索,据我所知,在进行安慰剂治疗时,良好的医患关系是患者产生积极反应的绝大部分原因。科学家认为,若没有医护人员的参与，仅靠患者自己摄入安慰剂，基本上不可能取得如此显著的成效；为了获得切实的疗效，必须有患者彻底信任的人给患者以强大的精神支持。

在美国国家公共电台的一次采访中，哈佛大学安慰剂研究和治疗性接触（Placebo Studies and the Therapeutic Encounter，PiPS）项目中心主任泰德·凯普查克（Ted Kaptchuk）声称："糖片本身并不起任何作用，真正起作用的是治疗的环境、治疗的程序以及病人处于被治疗的关系中。但是安慰剂药片或注入的生理盐水是非常有效的工具，能够把体内生理环境中的有害物质进行有效隔离，再通过药物和治疗将其彻底消灭。目前的研究仅仅集中在照料的举动上，我认为这是当我们研究安慰剂效应时正在做的事情。"

凯普查克接受的医学教育是中医和针灸，当他被问道，作为一名科学家，当大多数随机进行的临床试验中针灸并不能证明其除安慰剂之外的疗效时，他会如何评价针灸，他说："因为我的确是一个优秀的治疗师，这是一个客观事实。当你向我寻求帮助时，你就会感到好转，成千上万人已经证明了这一点。毕竟，针灸的重点从来都不在于针本身，而是人。"

凯普查克的观点在他作为共同作者发表于《新英格兰医学期刊》的一篇研究哮喘的文章所体现。哮喘病人分别进行沙丁胺醇吸入剂（albuterol inhaler）① 治疗、无效吸入剂（安慰剂）治疗、假针灸（安慰剂）治疗和无治疗处理。所有进行医疗处理的患者均有半数感到病情好转，包括接受真正及无效吸入剂治疗以及假针灸疗法的患者，与之对应的是仅有21% 未接受任何治疗的患者病情有所恢复。

然而，与其他研究所发现的生理反应与病症同步减轻现象不同，当研究人员对哮喘患者的肺功能进行检查时，病人的生理状况与其主观感受并不一致。肺功能测试结果表明，对于接受无效吸入剂治疗、假针灸疗法以及无治疗的患

---

① 原注：哮喘标准疗法。

者，其肺功能恢复情况①远低于接受沙丁胺醇吸入剂治疗的患者②。

为什么这些哮喘病人在生理状况并未好转时能够感受到病情的减轻呢？也许，他们所感受到的病情好转，并不是来自于吸入剂或针灸等医学治疗，而是在于他们感受到被人关爱。若患者并未接受医学治疗，而只是接受医学护理，又会怎样？也许接受治疗组之所以会感受到同等状况的病情好转，只是因为他们接受了同等的关爱，这也许比他们所接受的药物或治疗更为重要。

哮喘也许与癌症有所区别。当你在与危及生命的疾病进行抗争时，症状减轻的情况不多，而多为病情的缓解。癌细胞到底还在不在？你无法准确得知。但若是症状减轻和疾病去除能与治疗体验及其心理感受联系起来，从而减轻压力反应，充分发挥放松反应的治愈能力，又会发生什么呢？

我怀疑，这中间存在着有效联系，但再一次重申，我需要证据。

悉心照料带来不同的确凿证据

研究到现在这个阶段，我强烈怀疑，安慰剂效应的大部分效果都与医护人员的悉心照料有关。我不由地偷偷怀疑，是由于缺乏关爱、过度信赖药物及治疗的功效，才会导致反安慰剂效应。但究竟这种联系到底有多紧密？是否存在证据可以证明，照料的细心程度以及陪护人员的健康理念会明显影响患者的病情恢复情况？

劳伦斯·埃格伯特（Lawrence Egbert）博士在哈佛医学院进行了一项研究，其成果发表于《新英格兰医学期刊》。他将术前患者随机分为两组，一组患者遇到了乐观而热情的麻醉师，他们向患者保证，手术只是小菜一碟，患者不会感到痛苦，所有的事情都会非常顺利；另一组不幸的患者③遇到的麻醉师

---

① 原注：均只有7%。
② 原注：20%。
③ 原注：可怜的孩子！

则表现出匆忙易怒、没有同情心的样子①。第一组患者需要镇痛药物的人数只是第二组的一半，并平均早 2.6 天出院。

医生的乐观态度同样能够带来不同，这得到了如下评论的鼎力支持："史密斯医生正是由于其积极向上的态度才能如此成功。" 1987 年，托马斯（K. B. Thomas）博士突发灵感，研究了医生的积极态度是否会对病人康复情况产生影响。他的研究在南安普顿大学进行，以 200 名感到不适却没有明显身体异常的病人为研究对象，其成果发表于《英国医学杂志》（*British Medical Journal*）。这些病人被随机挑选以接受以下四者其一："积极态度"的咨询交流并进行或不进行实际治疗，以及"不积极态度"的咨询交流并进行或不进行实际治疗。64% 接受积极态度咨询交流的患者感到好转，形成鲜明对比的是，在接受不积极态度咨询交流的患者中好转的仅为 39%。该项研究发现，若病人得到如"病情将在几天内好转"等的积极建议，或是接受"肯定会使他变好"的治疗，患者的恢复情况明显加速。相反，若患者听到如"我不确定治疗是否对你有效"等字眼，则需要更长的康复时间。托马斯总结道："医生本人就是一个非常有效的治疗工具，也是事实上的安慰剂，在每一次与病人的交流过程中，他都会对其产生不同程度的影响。"

鉴于乐观积极的态度是病情康复的关键，那么对于医生的信任就至关重要了。反安慰剂效应之所以会发生，就是因为病人对医生及其治疗手段的态度有所保留。我曾经在圣地亚哥的一所公共诊所工作，大部分病人都是索马里难民。由于与他们的医疗文化存在差异，很多病人很不相信美国的医生，也对所接受的治疗存在怀疑。在这些病人中，我观察到，很多看起来无害的治疗手段，如产前维生素的使用，都会对他们产生远高于常人的副作用发生比例。尽管我竭尽全力想去得到他们的信任，但我怀疑，之所以发生这么多的副作用，就是因为其中有部分人本能地认为我们是在毒害他们。

---

① 原注：有趣的是，这两组病人遇到的都是不同着装下的同一批麻醉师。

与此同时，医生的想法同样重要。在《柳叶刀》（Lancet）杂志发表的一篇文章，对安慰剂减轻病痛过程中内啡肽的作用进行了研究，结果发现，尽管进行了双盲试验，但医生的预期效果还是会影响病人对于注射芬太尼①、纳洛酮或安慰剂等不同药剂的反应。若医生自己都保持怀疑，那么很可能会减弱其治疗手段的疗效。

美国国家精神卫生研究所进行的另一项研究将 250 名抑郁患者随机分为 4 组，每组均接受为期 16 周的不同治疗方法，具体方法包括：人际心理治疗、认知习惯治疗、丙咪嗪②治疗以及安慰剂治疗。作为这项研究的附属研究，乔治城（Georgetown）的研究人员对参与研究的医生与病人的互动情况进行录像，并请评估专家根据录像来预测哪组病人能够康复、哪组疗效较差。

出乎所有人预料，评估专家根据所显示的医患关系确实做出了正确的评估，而完全没有考虑实际采用的治疗手段。这并不仅仅是指医生与病人之间是否存在情感上的交流，医生对于其疗效的信任程度同样关键。与医生未能传播这种积极信念相比，如果医生相信患者的病情会有所好转，病人康复的概率大大增加。此后，关于医疗人员对疗效信任程度的影响在很多其他研究中成功复现，不仅仅是在心理健康领域，在其他领域的医学研究中同样如此。

无须惊讶，医生的个性同样会对疗效造成影响。哈佛医学院进行了一项研究证明，当医生在患者治疗过程中表现得"温暖、专注和自信"时，安慰剂起作用的比例从 44% 上升到 62%；而另一个对照组一直名列等候名单，而并未接受任何治疗，其产生安慰剂效应的比例仅为 28%，这一成果发表于《英国医学杂志》。

正确的支持和积极的信念甚至能够产生超越常规的疗效。在 20 世纪 50 年代早期，阿尔伯特·梅森（Albert Mason）医生在伦敦维多利亚皇后医院对一

---

① 译者注：一种镇痛剂。
② 译者注：一种抗抑郁剂。

个十多岁的男孩进行治疗。那个男孩的大部分身体都被厚厚的皱裂皮肤所覆盖，被诊断为严重的皮肤疣。催眠在当时被认为是治疗皮肤疣的有效手段，于是梅森医生真心地认为催眠能够治愈这个男孩的皮肤病，即使是在一个如此年幼的年纪。

由于坚信心理力量能够促进皮肤疣的自我修复，梅森医生决定就这样去做。在第一阶段，梅森医生仅仅将注意力放在男孩的胳膊，将其催眠后引导他认为其胳膊具有粉红的健康肤色。在进行重复治疗后，男孩胳膊上的皮肤基本恢复正常，这令医学界同行大为震惊，但梅森医生并不讶异，因为他始终坚信，心理力量能够治愈身体，至少对于严重的皮肤疣是具有疗效的。

当男孩再次到其外科医生处进行检查时，他的外科医生看到其恢复健康的皮肤大为不解。此前其外科医生试图通过皮肤移植进行治疗，但是没有成功，更重要的是，这位医生犯了一个错误，男孩的病情被误诊：他所患的并非皮肤疣，而是一种极为严重、可能致死的遗传病——先天性鱼鳞癣。

尽管并没有先例证明，心理力量能够治愈先天性鱼鳞癣，但梅森医生和那个男孩都相信，催眠能够治愈这种疾病。事实也雄辩地证明，确实如此。

当这一消息传出后，其他先天性鱼鳞癣的患者纷纷向梅森医生求助。但遗憾的是，他再也没能在其他患者身上重复这一奇迹。梅森医生将其归咎于自我的信念不坚定：他坚信催眠能够治愈皮肤疣，但对于催眠是否能够治愈病情更为严重的遗传病则保持怀疑，尽管事实上他已经成功过一次。

医疗的仪式化进程

不管究竟多么有疗效，糖片终究还是糖片，而不是魔法。有些情况必须采取某些治疗才能对人体进行修复——因为人体本身不能够单独完成这一过程——像我先生的手部手术那样。而其他疾病的治疗则只是通过强大的心理力量就能促进身体的健康水平，医护人员的支持也会为患者的病情带来明显的变化。

就如同托马斯的研究那样，有些研究认为，医生实质上是起到了安慰剂的效果，医生的作用能够刺激患者产生自我疗愈反应。就如同凯普查克解释的那样，目前我们所了解到的安慰剂效应，实质上是在将我们认为具有疗效的医学处理和药物（无论是抗生素、膝盖手术、抗抑郁药，还是镇痛剂、胸部手术）去除后，所剩下的与药物和医学手段无关的治疗方法。在剥离了药物的生化作用后，我们所使用的药品就变成了进行医学治疗的仪式，就如同在对马特进行手指手术前呈现的那样，我们所赋予医疗的内涵以及在此过程中所接受到的来自于他人的关爱，能够帮助我们恢复健康。

在现代社会，西方世界里医生的角色被赋予了太多含义，包括牧师、临床医学家、针灸师或其他富有爱心、具有治愈能力的存在。在其他文化中可能并不是这样，最具治愈能力的人物可能是巫师、中医或是药剂师等。

我曾经采访过的一位医生（不妨称其为 M 医生）曾说道："我知道，我所能给予病人最多的就是关爱。"她告诉我了一个故事：一个病人患有严重的神经痛，身体的 90% 都罹受此厄，他尝试过众多治疗方法，但鲜有疗效。后来，这位病人遇到了 M 医生，M 医生采用鱼油和 B 族维生素进行治疗。M 医生向我坦白，由于并没有临床证据能证实这些药品对于神经痛有疗效，她也仅仅将其当作安慰剂使用。与此同时，她花费了数小时的时间来倾听这位患者的诉说，并进行了悉心的照料。

不久后，这位患者与一位男士陷入爱河；紧接着，她来到 M 医生的办公室，宣称病情痊愈。她还将 B 族维生素和鱼油奉为至宝，如获奇药。

但 M 医生告诉我："我知道这并非维生素的疗效，我认为是那位年轻男子的爱情以及我的关爱让她痊愈。"

医疗护理机制

医护人员要进行怎样的医疗护理和信心传递才能让患者的病情好转呢？这

一切都要回到病痛导致的压力反应和促进自我恢复的放松反应。当病人感受到医生所传递的积极信念,感到备受关爱、心有慰藉和悉心照料时,压力反应会自然消失,同时产生放松反应,然后病人就会感到身体的好转。

想象你被诊断出了癌症。当你听到癌症这个词时,你的"战或逃"压力反应机制开始疯狂运转。你的肾上腺分泌出肾上腺素,交感神经系统开始集中注意力。癌症一词在你的内心被理解为一种死亡威胁,即使这种威胁并不是在诊断时就已呈现。在这种心理状态下,身体并没有做好与癌症作斗争的准备;毕竟,身体还要忙于准备斗争,以求逃生。

接下来是与肿瘤学家的会面,这是一个具有爱心的、可靠的、善于给人慰藉的医生,他在你哭泣时抓住你的手、给你温暖的拥抱,并安慰你说,他已治愈过成千上万个相同病情的患者。他会用专业的词汇和温暖的态度向你解释,并没有什么大不了的,他会与你同在,陪伴你,并尽其一切努力帮你战胜病魔。他会为你制定治疗计划,给你他的电话号码以便联系,最后再给你一个拥抱,温柔地拍拍你的背。此时,即使你正面对着一个大手术还有数以月计的化疗,你也会感觉到自己已经做好了一切准备。

为什么会这样?因为你的心理得到了慰藉,对癌症的恐惧得以减退,压力反应不再运行,身体得到了有效放松。医生成功地让你的大脑被说服,认为一切都会变好,至少是一切能够做的准备都会就绪。在这样一种放松的状态下,身体就能够集中力量做它最擅长的事:全力备战以进行自我疗愈。

若是那些镇定、可靠的医生相信一切都会好转,并产生积极的心理作用,但可能无形中错误地使用了他们的超能力,我们会知道接下来发生的事。尽管他们的初衷是好的,但事实往往是,他们不仅没能够为患者提供亲切和悉心的照料,甚至会因过于繁忙的超负荷运转使自己精疲力竭,从而直接危及患者的健康。

我的一个朋友在离开她医生的办公室后写信给我,内容如下:

"莉萨，即使这位医生在我离开大楼时打劫我，我都认不出他来，因为在会诊的过程中，他一次都没有正眼看我。当护士把我带到检查室后，所有操作人员都背向我而面向检查仪器，即使是在问问题时都在忙着打字。电脑为他列出了给我开的新药方，但他从头到尾都没有和我商量。如果我需要的仅仅是一个电脑程序来对我目前和长期的状况进行检测以及在药方上填空，为什么我要在等候室待上1个小时，无聊到只能盯住某个家伙的后背发呆？哦，还有，护士显然在电脑程序中写错了代码，因为最开始他准备给我进行乳房检查，而并不是为我的哮喘病症检查胸腔。我的反应是：'先生，你在说什么？要么你搞错了信息，要么你搞错了房间号。'哎，我快要被气疯了，我再也不会到这里来了。"

通过在线咨询系统，我得到了不少类似的反馈。在不少医护人员都感到因超负荷工作而精疲力竭且无法得到应有的肯定时，病人有时在看过医生之后会感到比未见医生之前更加有压力。如果你不得不在一个拥挤的等候室坐上两小时，只为了和一个无精打采的医生见上几分钟，而且这个医生还记不住你的名字、无法为你提供任何帮助，最后也只是提供了一个漠不关心的医疗诊断，反而增加了你内心的恐惧，可以肯定的是，你的压力反应一定会被触发。

没有人愿意让这种状况发生。医护人员常常为其患者奉献和牺牲，但有时由于做的太多，以至于他们没有留意为什么他们会被要求这样做。他们认为这些奉献和牺牲已经证明了他们对病人的关爱，但只是这样还不够，而应该在照料的过程中体现出人性的关怀。医生和其他医护人员需要记住，我们为什么要做我们目前所做的一切，因为这样我们才能使患者得到的疗效最大化，特别是在事情出了差错时更应如此。

怎样告知不幸消息

1974年，克利夫顿·米德（Clifton Meador）医生告诉他的食道癌病人山姆·隆德（Sam Londe），说他病情已达致命的程度。在米德医生下达死亡宣判数周后，山姆就去世了。

但尸检结果出乎医生的意料，被发现的癌细胞数目极少，病情远未到致命的地步。米德医生告诉健康发现栏目（Discovery Health Channel）："他因为癌症而死亡，但并不是死于癌症。"他的死因到底是什么？也许那个坏消息使他产生了严重的压力反应，从而在他体内大肆破坏。他之所以会去世，是因为他被告知并相信他会死去，他的这种消极想法最终转化成了真实的生理变化。

几十年过去了，山姆·隆德的死亡依然困扰着米德医生，他说："我当时认为他得了癌症，他自己也认为他得了癌症，所有周围的人都认为他得了癌症……是不是我夺走了他求生的希望？"

我怀疑这种事情并不是少数。当然，医生从未有意图地谋害患者。大多数医生都抱着最单纯的意图，想要帮助患者得到康复。但我一次又一次地听到有些好医生高调地宣布病人的坏消息，事情往往按照这样的进程发展：

1 号门

恐怕你的癌症已经无法通过手术来治疗了，癌细胞发生了扩散。事实上，癌细胞出现在你的胃部、结肠、淋巴结并布满了你的腹腔内表皮。我们并没有进行进一步研究，但很可能你的肺部、骨骼以及脑部同样出现了癌细胞。

如果你愿意，我们可以进行化疗，但这仅仅只能缓解病症，并不能彻底治愈。我很抱歉告知你这个不幸的消息，我们会竭尽全力来帮助你缓解病痛，但你最好能够安排好后事。如果你还没有立下遗嘱，你最好提前准备，因为20个相同病症的人中只有1个能够活过5年，大多数人都在3~6个月之内去世。

我非常抱歉带来这个不幸的消息，等麻醉效果过去一些、你能够稍稍清醒时，我们再进行深入的探讨。

当坏消息以这样的方式传达给患者，这只会触发他的压力反应，对其身体的自我恢复带来障碍；极端情况下，还可能在没有明显病因时造成患者死亡。这些都是可能的，因为生死之间有大恐怖。

我提出了一种告知不幸消息的新方法。对于上述的 1 号门后的患者，其被确诊为转移性癌症，只有 1/20 的生还希望。给她一些时间，让她从麻醉药效中清醒。让她在康复室中放松一下，通知她的家人，我们会在她彻底清醒后召开一个家庭会议，然后进行如下的对话：

2 号门

我同时有好消息和坏消息要宣布，首先宣布坏消息。恐怕癌细胞并不像我们所希望的那样，仅局限在一个器官部位。①

癌细胞扩散到了你的胃部、结肠、淋巴结以及腹腔内表皮，我们需要进一步的检查来判断是否扩散到了其他部位，这能够很快得到结果，以便于我们迅速制定下一步的治疗计划。希望你能够明白，你并不是孤军奋战，有我们陪你面对这一切。②

我知道，此时你一定有很多话想说，但还是让我们先来听一下好消息。好消息是，一部分被诊断为相同病症的患者成功获救，而且发现存在一定的预兆来判断哪些患者可能摆脱病魔。人体具有自愈功能，在生病时能够进行自我修复，而且我们有确切的证据证明，那些关爱自己的身心和信念、保持积极态度、坚信能够康复的人们更可能被治愈。对于你而言，我们保持乐观积极的态度非常重要，你的身心需要尽可能放松，因为只有在这种状态下，你才能够战胜癌症。

我希望你明白，我相信你很有可能从癌症中康复，我也将陪你走过每一个治疗阶段。我们将在明天具体讨论治疗方案，并花上一些时间与你的家人进行

---

① 原注：停顿片刻，留出营造氛围的时间。
② 原注：再次停顿。

探讨。在我进行下一个手术之前，你有没有不清楚的地方想要问我？①

我明天早上的第一件事就是与你探讨病情，如果在此期间你有任何紧急的问题，请直接给我打电话，不要感到有压力。这是我的电话号码，以便你需要联系我。我知道，这不是你想要听到的，但请求你，千万不要放弃希望。我相信存在奇迹，你就很可能是下一个奇迹。

想象一下，你在进行了这两个对话之后感受会有多么地不同。第一个医生很可能让你有压力、心里没底、感到郁闷；然而第二个医生很可能让你感到备受支持、充满希望，他跟你进行了深入的交流，从而使你的身心放松。

作为医护人员，我认为，不断探讨怎样帮助患者保持积极信念、去除消极想法是我们的责任，因为这样可以限制压力反应、激发放松反应，帮助身体自我治疗，阻止疾病的进一步肆虐。也许这种关爱和人性的服务比药物或手术更具功效。也许只需要我们每天多花上几分钟，以一种帮助治疗的方式告知不幸的消息，但其结果会发生彻底的变化。

医者自医

当医护专家为照顾他人留下空间时，我们为患者进行自我疗愈提供了理想的环境。但通常情况下，我们犯了一个错误，寄希望于从一个爱的耗尽区获得治愈的力量来为他人服务。作为医生，我们被教导要牺牲自己的意愿来服务他人。我们睡眠不足、饮食较差、无心打理人际关系、不会照顾自己，封闭了那颗进行自我关爱的心，最终在身体上、心理上都相当不健康。当医生或其他医护人员变得热情耗尽时，希望的甘泉逐渐干涸，真正的治愈也荡然无存。我们是如此精疲力竭，我们感到受到了迫害，最终表现得像坏人那样对待我们的患

---

① 原注：停顿并倾听。

者，因为我们的身心都已被掏空。

如果我会魔法，能够改变医疗系统的一件事，我将改变这种疯狂的想法：为了成为好的医疗工作者，我们必须以自己的健康为代价。当我们无物可给时，想对患者全身心地投入、向他们敞开心扉、为他们做好服务工作只是一句空话。如果医生能够成为自我关爱的典范，也许可以身体力行地教会患者，整个医疗体系也许会发生根本的转变。如果治疗师首先能够进行自我疗愈，使我们能够身心健康地提供服务和关爱，我们才有可能治愈全世界。

治疗师提升疗效的 15 种方法
1. 静静聆听。
2. 真正打开心扉。
3. 要有眼神交流。
4. 不要着急离开，耐心地坐下来。
5. 始终保持陪伴。
6. 要有治疗性的触摸。
7. 请你的患者成为合作对象，进而参与治疗过程。
8. 别轻易下论断。
9. 进行教育沟通，但不要颐指气使。
10. 注意用词，保持乐观。
11. 相信病人的直觉。
12. 对参与治疗的其他医护人员给予尊重。
13. 给你的病人以慰藉，让他们感到不孤单。
14. 鼓励病人减轻焦虑，让你的陪伴缓解病人的压力。
15. 永远给病人以希望，无论诊断出的病情多么严重，总有可能出现自我康复。

进行自我疗愈不是一件容易事，没人应该独自面对这一切。作为医护人员，我们可以施以妙手、挽救他人生命，但我们若是不能进行有效的自我疗愈以便让我们能够全力向患者提供关爱，我们就会使患者缺少可持续的精神力量

而无法求得彻底康复。

《解剖疾病》（*Anatomy of an Illness*）一书的作者诺曼·卡曾斯（Norman Cousins）对此深有感触。他曾被诊断出患有退行性胶原蛋白强直性脊柱炎（degenerative collagen disorder ankylosing spondylitis），但他坚信，若他离开医院、大量服用维生素C、保持心情愉悦，而不是依赖消炎药、止痛药和麻醉剂，就能够阻止病情进一步恶化。幸运的是，他的医生正是他相互尊重的合作伙伴，也对他的决定保持赞同。

在《解剖疾病》一书中，卡曾斯医生这样写道："我敢说，我的医生在征服病魔的过程中所起到的主要作用是，鼓励我相信，我在整个医疗过程中都是一位值得尊重的合作伙伴。"

补充和替代疗法的安慰剂作用

悉心照料解释了为什么患者在进行补充和替代疗法治疗时，常会感到明显的病情好转。所谓的补充和替代疗法方法包括：针灸、中医、顺势疗法、草药、脊椎按摩疗法以及其他形式的物理疗法（modality）。然而，这些治疗方法通常在对照循证医学原则时表现得"没有疗效"，换句话说，它们被认为是安慰剂。我相信很多这类治疗方法并未在存在安慰剂对照组的临床试验中经受住考验的原因是，即使是假针灸，只要照料得当，也能够获得与真正针灸相同的疗效。这是因为，正如凯普查克在前文中描述的那样，针灸的重点并不"在于针本身"。这两种针灸治疗都能够触发放松反应，使人减轻压力。归根到底，这是一件好事！

若西药体系在大部分情况下按照相同的方式运行，会是怎样呢？在很多情况下，特别是在治疗"慢性"病时，我们所提供的关爱和慰藉对患者的身心健康的影响也许与药品摄入同样有意义。

请注意，在这里，我并没有讨论补充和替代疗法是否有效。若你的病患在采用顺势疗法后病症神奇地消失了，或者你是一个能量治疗师，观察到患者的自发康复，我并没有质疑这些疗法的实际功效。事实上，我认为，有很多妙手回春的实例目前尚无法解释，科学研究并没有弄清各种形式的医疗手段究竟是怎样发挥作用的。

与其对这些疗法嗤之以鼻，我更倾向于认为，这些非传统疗法之所以有时不起作用，可能是因为它们需要结合对疗法的积极信念、治疗师的悉心照料及其激发的放松反应，方能发挥出其既定疗效。也许这些疗法事实上是相当高效的，但并不是以我们通常所预期的方式达成这一目标。

现在我想提供的建议是，既然我们的初衷都是为了促进患者的健康，不管是采用常规药物、手术或是补充和替代疗法，这些手段也许都需要通过心理作用来发挥疗效。我们已经证明，很多常规的医疗手段并不比安慰剂更具功效，当然也有很多证据证明其疗效显著。这表明，有些常规疗法相对于仅仅保持积极信念和进行悉心呵护，确实能够起到更显著的治疗效果。然而，大多数补充和替代疗法之所以能够发挥作用，似乎是因为积极信念、悉心照料及其触发的积极生理反应，即使这些不是其起作用的全部原因，也是主要因素。

这到底是真实的疗效还是治疗手段触发的放松反应

事实表明，真正的针灸不一定就比假针灸更有效。尽管有些临床针灸实例证明真正的针灸更具成效，但大多数情况下并非如此。当患者被随机分组接受真正的针灸①或是假针灸②，很多接受真正针灸的患者感到好转，但接受假针灸的患者同样如此。尽管人们相信这与正确的施针位置有关，但若针灸起作用更大程度上是与针灸师而不是与针灸技术有关呢？

---

① 原注：将针插入中医体系中的穴位。
② 原注：随意将针插入或是用假的穴位针刺破皮肤但并未真正插入穴位。

研究结果表明，顺势疗法也许并不比安慰剂更具疗效，尽管众多临床数据之间相互矛盾。顺势疗法的原理基于这样一种假设：若存在某种物质对应健康人体内某种疾病的特定症状，那么只需要很小的剂量，就能够治愈患者的对应病症。荷兰的林堡大学（University of Limburg）对107个顺势疗法临床案例进行了元分析，他们得出结论，根据临床数据显示的趋势，顺势疗法也许比安慰剂更具疗效，值得进行深入研究，这一结果被发表于《英国医学杂志》。但是，一个更大规模、设计更加严谨的数据元分析对110个顺势疗法临床案例和110个对应的常规疗法案例进行了研究，这项研究由瑞士的伯尔尼大学（University of Bern）主导，证明顺势疗法基本上没有超出安慰剂的疗效，这一结论发表于《柳叶刀》。面对这样相互矛盾的结论，我更倾向于这样的说法：具有治疗作用的并不是顺势疗法，而是顺势治疗师。

评论家对顺势疗法的元分析研究结果提出质疑，导致《柳叶刀》杂志发表声明，宣称这是"顺势疗法的末世"和"接近事实的真相"。但我还是想要指出，那些评论家提到这项研究，把它称为"为与补充疗法做区分而对数据进行扭曲的常规疗法实例"。若我们想要用经实践检验的医学体系来对那些不易采用常规手段进行分析的医疗方法进行评估，我们必须在分析结果时具有开阔的思维，尽管对于这些治疗方法，我们没办法完全理解。仅仅因为我们不了解其中的生化体系运行机制，就对这些方法具存偏见，这种态度无疑是不科学的。

希望大家始终牢记，很多研究目前远未到完美无缺的程度。问题常常在于，有些人在进行研究时，想要进行完全双盲的实验，而这无论对患者还是实施者，都非常困难。尽管有些假针灸采用了足以乱真的"穴位针"，能够把针灸师都糊弄过去，但其他的很多对照试验也只能骗骗患者。

这样一来，事情就被糊弄过去了。研究表明，当医生得知病人接受的是哪种疗法时，他们会在无意中与病人交流，这也是为什么大多数常规医学临床试验中都采用双盲设计，使研究人员和病人都不清楚究竟接受的是不是安慰剂治疗。这种区别使得对于补充和替代疗法的很多临床研究充满了偏见。

治疗的真实目的

我们不要被支离破碎的数据所迷惑。尽管目前尚不能对很多补充和替代疗法的机理进行生理学解释,但若我们能从生化体系的角度给出一个说得通的解释,是否还有必要刨根问底、追究其中具体的工作机制呢?我们知道,当病人在一个放松的环境中躺在手术台上,细心的医护人员专注于处理病情时,能够有效地减少病人的压力反应。因此我们习惯于每天散步,特别是在身体状况不佳时。我们同样知道,放松反应能够使人体产生有利的激素变化,进而恢复到其正常的生理平衡状态,促进人体的自我修复功能。我们还需要知道更多吗?

在医学常识中,我们将那些功效不如安慰剂的疗法称为"庸医的把戏",但我们是否忘记了治疗的真正目的呢?我建议我们在对疗效进行评估时需要重新审视评价标准。只要患者能够感到明显好转,不管疗效是否超过了安慰剂,这不都是非常有意义的吗?难道缓解病状、治疗顽疾不是其最终目标吗?我们究竟是怎样达成这一目标真的那么重要吗?

我知道这很激进,但我不是第一个注意到这些问题的人。

在《英国医学杂志》的编者评论中,耶鲁大学教授戴维·施皮格尔(David Spiegel)博士对持怀疑态度的人提出了批评,怀疑论者认为,若补充和替代疗法的功效主要来自于安慰剂效应,那么这些疗法就应该归入骗术的范畴;但戴维博士指出:"若那些替代疗法医学体系能够在既往发展中对病症的常规疗法及医患互动的仪式化规律有所认识,这是否值得现代医疗体系学习借鉴?"

心理疗法的安慰剂效应

并不只有补充和替代疗法所获得的疗效可能主要来自于积极信念、悉心照料及其产生的放松反应。研究结果表明,心理疗法可能是通过同样的方式使患者受益。当然，得到心理疗法治疗的患者比未接受治疗的患者康复更快，这已经得到了临床数据的验证，但这一结果是否真的是心理疗法自身的功效？还是说心理疗法产生的放松反应源自患者的积极信念以及治疗师给予的关爱和支持？在放松状态下，身心不是更容易康复吗？

范德比尔特大学（Vanderbilt University）进行了一项具有里程碑意义的实验，经验丰富的心理治疗师对15名饱受焦虑和抑郁之苦的大学生进行治疗，其对照组接受的是大学教授的治疗，这些大学教授并未接受专业的心理治疗培训。两组患者的病情改善情况相近，并未因心理治疗师的专业程度而表现出明显的区别，这一结果发表于《普通精神病学档案》（Archives of General Psychiatry）。

医疗人类学家亚瑟·克莱曼（Arthur Kleinman）博士认为，将心理疗法的成功归因于安慰剂效应并不是否定其实际疗效。他将其视作一种补充疗法："心理治疗可能是一种放大的安慰剂效应……但即使如此，鉴于其开发出一种极具功效的医疗进程且在常规医疗康复中补充其不足，它也值得被肯定，而不是备受谴责。"

信仰疗法的安慰剂效应

尽管信仰疗法缺乏足够的临床数据支撑，我们对于信仰治疗师也许会存在同样的真伪之辩。好好地想一想，众人远道而来，只为相信有人能够治愈他们；而那些需要帮助的人们虔诚地朝圣，拥有相同的积极信念。信仰治疗师通过一些仪式化的程序和动作，如爱的拥抱、抚首礼、冥想、草药、圣水等来强化这种信念，就会激发人体产生放松反应和自我疗愈，科学家称其为"巨型安慰剂效应"

让我们以卢尔德（Lourdes）① 的治愈圣水为例，看看这种巨型安慰效

---

① 译者注：法国西南部城市。

应。卢尔德为自我疗愈提供了完美的展现平台。朝圣的人们常常在抵达时已经精疲力竭，因而内心处于一种饥渴状态。在卢尔德的圣坛处，神圣符号分列其中，治愈仪式庄严隆重，朝圣之人虔诚肃穆。这种圣洁极具感召力，给人加倍的力量和希望。仅此一项——圣水必能驱走顽疾的信念——就足够激发放松反应，从而促使人体自愈。

天主教堂深谙此道，并致力于去除任何可能被认为是"狂热"的治疗手段。他们的目的是为了证明这种疗效来自于神赐，而不是心理力量引起的自愈。为了万无一失，教堂请医生来判断各个自愈实例是否可以算作"神迹"。自 1858 年以来，只有 68 个病例严格符合他们的标准。

在 1962 年，臀部长有恶性肿瘤的维托利奥·米其林（Vittorio Michelin）被维罗纳（Verona）[①] 医院接收。不到 10 个月，他的臀部几乎完全塌下去了，股骨历历可见，只留下了一些不牢靠的软组织，为了腿部支撑而不得不打石膏。作为最后的救命稻草，他前往卢尔德进行了数次圣浴，他形容每次圣浴时都能感到一股热流在其身体内游走。1 个月后，他如获新生，X 光检查结果显示，肿瘤明显减小，他的医生对其恢复过程倍感好奇。不久后，肿瘤完全消失，股骨也开始再生；没到两个月后他就能够再次直立行走。

安娜·桑塔里诺（Anna Santaniello）的奇迹是有记录的倒数第二个验证卢尔德圣水功效的案例。安娜患有严重的心脏疾病和风湿性关节炎，饱受气喘和风湿性心内膜炎之苦，使她难以开口且不良于行；她同时存在脸部和嘴唇发绀（cyanosis）[②] 以及四肢肿胀。在别人的搀扶下，她艰难地没入圣水，结果症状消失了，一名医生为其检查，确认了其病情的康复。

最近，在 2011 年 3 月，56 岁高龄的瑟奇·弗朗索瓦（Serge Francois）声称获得了最后的圣迹。在罹患椎间盘突出并发症、几乎不能挪动左腿后，他于

---

① 译者注：意大利北部城市。
② 原注：因缺氧而发紫。

2002年前去朝圣，并迅速恢复了行动能力。在十年后，他仍能够正常行走。

在《解剖疾病》一书中，卡曾斯医生说："在各个宗教文献中充斥的所谓的'奇迹般的治愈'都提到了患者的能力，他们通过适当的激发和刺激，使患者主动参与到跟疾病和伤残对抗的进程中。"

改造医学的核心

作为医护人员，我们虔诚地祈祷，只为能够得到使病人康复的机会。我们具有使病人放松的能力，使其成为治疗的一部分，而不是仅仅依赖药物和手术。我认为，如果我们没能够激发病人的自我恢复机制，我们既伤害了他们也伤害了我们自己。如果我们能够挺身而出，做好自己的分内之事，我们在治疗过程中所起到的作用往往决定了病人生死之间的差距。

我常常开玩笑说，我是用爱进行治疗，辅以一点点药物。是的，先进的技术和设备拉大了我们和病人之间的距离，在治疗过程中，关爱似乎缺失了。在过去，医生常常接到家庭医疗服务请求，坐在床边安抚病人，而现在，我们在无菌室与病人匆匆会面，患者不停地接受各项检测，放射性测试甚至取代了接触性的身体检查。在去除了倾听、爱抚、悉心照料和专注治疗的康复力量后，我们除了单一的技术还能为患者提供什么呢？

当你面对健康危机，你一定要找准你所需要的医疗护理方式，仅仅去看最好的外科医生或是到名医专家处会诊并不够。尽管当你想增大康复概率时，专业医疗技术是很方便的，但你同样需要确保医护人员能够提供真诚的关爱。你并不是仅仅需要一个能够引导你进行治疗的人，而是一个信任你的完整团队，他们的工具箱为你提供适合你的工具，帮助你的身体做好发生奇迹的准备。当你筹建你的医疗团队时，你同样需要他们进行良好的彼此配合。

针灸师苏珊·福克斯（Susan Fox）将这样的合作医疗团队称为"治疗圆桌会议"。这一圆桌会议是一个全体医护人员参与、彼此合作的进程，且每个人具有相同的话语权。在圆桌会议上，病人而不是医生具有最高权威。当医生被邀请参与圆桌会议时，并不是请其前来发号施令、否定他人观点、不尊重其他人，最主要的是，不能罔顾病人的意愿。

我深知在急救室处理外伤时医生发号施令的必要性，但这对于慢性病的治疗并不适用。有一次我听到一个受人尊敬的医生①对一个出色的护士说："让我们来做个小游戏。我来扮演医生，你扮演护士。我来发号施令，你来遵命而行。"这种行为对医护人员和病人都没有好处。

我同样听到过医生对患者寻求替代疗法或顺势疗法的行为进行嘲笑，同时表达了对患者与补充和替代医疗师的鄙视。这种敌对关系深深地困扰着我，因为这指向了现有医疗体系的机能障碍。这种独裁的、故意屈尊的、阶级森严的思维定式远比我认为医疗体系应当具有的等级观念要更严重。当医生在手术台上感到他们正在奋力与疾病斗争时，在医院和检查室复现这种紧张关系对于病人的康复并无益处，这只会引发病人的压力反应。当整个团队心无旁骛地团结起来，以为病人服务为最高要旨时，其医护功能才能够得到最大程度的体现。

我的在线咨询系统一直致力于补充能够使关爱回归医疗护理的革命型医护人员。如果你选择加入，不用绝望，我们一直都在，而且正不断发展壮大起来，并逐渐转变方式，重申医疗的核心，静候变化的发生。坚定信念，我们比以往任何时候都更需要你。

正如身心医护先驱拉里·多西博士写信告诉我的那样："我们需要在常规医疗体系之外建立一个平行的医疗体系。我们一直强调并赞扬常规医疗体系所熟知的一切，但除此之外，还有诸多未解之谜：精神性、意义性、目的性、意识性、同情心、共鸣感以及爱……猜猜还会有什么？我们会赢得这场竞争，这不过是时间的问题。但我们需要加速我们的脚步，因为时机并不在我方。情况非常紧迫，所以欢迎你的加入！"

时机已经成熟，你做好准备了吗？

---

① 原注：尽管非常疲惫。

Mind Over Medicine

第二部分
心病还须心药医

Chapter 4　重新定义健康的概念

"我们中的大多数被迫在长期的表里不一中仓皇度日。若你日复一日心口不一，若你在心恶之物前卑躬屈膝、为召厄之事翩然自喜，你的健康必会受之所累。我们的神经感知并非虚假，而为客观存在的肉体延续；我们的灵魂常驻其间，与其唇齿相依。人体是一个完备体系，不能长期违背其运行规律而安然无恙。"

——鲍里斯·帕斯捷尔纳克（Boris Pasternak）：
《日瓦戈医生》（*Doctor Zhivago*）①

在对安慰剂效应和反安慰剂效应进行研究后，我可以确信地说，人体可以进行自主修复，且积极信念、悉心照料和产生的放松反应能够促进人体的自愈。但积极信念和悉心照料是否真的足够使身体恢复到令人满意的阶段？我不禁怀疑，事情可能并不是那么简单。

那位相信自己会痊愈的女士，在找到一个出色的医生后，却被其欺骗以及进行虚假治疗，结果该如何解释？对于那些拖着病躯仍每天工作12个小时、为了生存不惜出卖自己的人格却仍能不断坚持下去的人，这又该作何解释？更不用提那些抽烟、喝酒、吃垃圾食品，仅因为其生活中充满爱和活力，使其对生活充满眷恋，就能够活到100岁？健康的真正含义是否应当比我们原来所认为的包含更多？

以注重养生的人为例。当人们按照自己制定的"健康"计划进行保养——吃有机蔬菜，禁食肉类、奶制品、麸质和加工食品，每天锻炼，保证睡眠，戒烟酒，看功能医学（functional medicine）②医生以优化生化机能，故而

---

① 译者注：1890-1960，苏联诗人及小说家，1958年诺贝尔文学奖获得者，《日瓦戈医生》创作于1957年。

② 译者注：以科学为基础的保健医学，其治疗方式包括：饮食调整、营养补助品、植物或药草处方及其他相关的辅助疗法。

我们可以预见，他们应当活得更长久，最后安详地寿终正寝，对不对？那么为什么有许多养生者比那些酷爱烧烤、啤酒、暴饮暴食、熬夜通宵，陷在沙发中看电视的人更容易生病呢？

如果有些养生者与那些终日懒散在家的人一样容易生病，我只好得出结论：我们对于健康生活方式的组成内容定义有误。当然，这些健康的生活方式有助于促进生活的健康。我将自己当作养生者的一员，只喝天然绿色果汁，服用维生素，每天远足和练习瑜伽，保证睡眠，看功能医学医生，定期检查以防身体存在毒素。

但是我逐渐清醒地认识到，单纯身体生化系统的疾病——那些能够通过实验室测试及辐射手段检测到的，能在显微镜下、培养皿中观察到的，通过调节饮食、锻炼、排毒、功能医学养生所避免的——只是其中的一部分。这是其中的一大部分，但需要提醒你的是，这不是全部。我对患者进行治疗的经验[1]让我相信，不管患者是生病还是康复，不管他们自愈或是继续生病，也许不只是与那些他们的"健康"生活方式有关，也许与他们在生活中发生的其他事关系更为紧密。

在职培训

当我在马林县（Marin County）[2] 医院工作时，这种关于决定人体是健康还是生病的认知变得更加清晰。在我离开常规医院后，我加入了一个有爱的团体，这个团体由医生和其他医护工作者组成，致力于帮助患者优化健康状况。我能够与新患者待上整整1个小时，这一度让我兴奋不已。不像之前的医务工作，它让我有机会来挖掘患者生病的深层次原因，来找出人体健康状况的决定

---

[1] 原注：详见第9章。
[2] 译者注：位于美国加利福尼亚州，旧金山市北部。

性因素。

当我开始新工作时，我对新的患者保持敬畏，他们是我所接触到的最具健康意识的人群。他们每天喝绿色果汁，保持纯素饮食，在教练的指导下进行锻炼，每晚睡 8 小时，服用维生素和其他保健品，花一大笔钱去看补充和替代治疗师，严格遵照医嘱。这种养生法对某些人发挥了奇效：他们的身体处于顶峰状态、容光焕发、活力四射。

但是他们中另一些人的身体状况却比以往更加不堪。我困惑了！据我所学，这些人应当保持健康才对，为什么会这样？

我对这些患者进行了一系列测试，甚至包括那些常规医生不会进行的特殊试验。当我对其进行治疗时，我偶然采用了某些疗法，却十分意外地彻底消除了不良病症。这些病人视我为超级英雄。但也许只是小小的变化，如一种激素的替换，就会改变他们的生活。

但对于这部分患者——那些按照健康生活方式作息，却有一大堆病症的人们——我往往还是只能够耸耸肩，表示爱莫能助。我并不能从生化体系的角度为这些患者不能保持健康找到合理的解释。作为一名医生，我感到了挫败，但我知道，这不是我的错。我并没有忘记去进行那些重要的检测，我也为他们介绍了合适的专家，这说明答案一定在此之外。对于这种治疗难题的认识，一定还有什么地方存在大片的空缺，我只是不能明确地指出那到底是什么。

经过这次实践，我对为什么保持健康生活方式的人却不能保持健康倍感疑惑而又备受激励。相比于过度聚焦于健康的生活习惯、医学史以及其他的传统疑问，我开始询问患者他们的日常生活。因为我们有足足 1 个小时的时间可以挥霍，所以我能够尽情坐下、仔细聆听，而且他们的诉说改变了我对于健康的整个认知。

这让我对患者的问询不再受常规医学教育所限，我做的病历表不仅仅包括了患者的病史、手术史、家族病史以及服药史，还包括对患者日常生活的仔细询问。这些问题反映出的事实使我困惑。

一种崭新的病人信息调查法

我开始深入发掘患者日常生活的细节，问他们一些多数医生从不会涉及的问题。是否存在某些事情使你保持真我？如果是这样，又是什么事情使你退缩？你最喜爱和赞赏自身的什么？你最欣赏生活的哪一部分？你是否处于恋爱关系？如果是，你开心吗？如果不是，你是否渴望一段恋情？

你是否完成了所有工作？你是否在接近你的人生目标？不管是从伴侣那里还是自己解决，你是否得到了生理满足？你是否在创造性地表达自我？如果是，那么是怎么做的？如果不是，你是否感到缺乏创造性，就像体内有什么事物正在不断流失？你是否经济状况良好，还是说钱财是你产生压力的一部分原因？

如果上帝能够改变你生活中的一件事，你希望是什么？你希望改变你目前正在遵循的哪一项规则？

相对于实验室测试、医学记录和 X 光检测，我发现患者的那些答案更能让我了解其生病的原因。病情诊断开始变得清晰，我之前之所以感到迷惑，只不过是因为我没有问对问题。

我认为，这些患者之所以健康状况不佳，不是因为基因遗传、不良健康习惯或是运气差，而是因为他们困于孤寂、饱受情伤、囿于职场、忧心金钱、倍感抑郁。当我在问卷中询问"你生活中缺失了什么？"时，大多数人都列出了长长的一串清单；当我面对面地询问同一问题，大多数人都哭了。毕竟，有些事不是靠吃素食、锻炼身体或服用维生素就能够解决的。

另一方面，有一些患者饮食状况不佳、从不锻炼身体、忘记服用保健品，并安于现状。在问卷中，他们的答案显示，他们的生活充满关爱、乐趣、有意义的事、创造力、性快感、精神交流以及其他特点，经济也能自给自足，这些将其与病快快的养生者形成鲜明对比。本质上，他们很快乐。尽管他们对于自己的身体照顾不周,但他们身体的自发反应让他们保持健康。

我开始问患者两个根本问题,第一个是"你认为生病的根本原因是什么?"更重要的是第二个问题:"为了恢复健康,你的身体究竟需要什么?"

当我开始抛出这些问题时,我猜想人们会告诉我说,生病的根本原因是激素不平衡或是饮食不健康。我觉得他们会为我提供一些出于直觉的治疗手段,像"我认为我应当选择颅骶疗法,而不是物理疗法"或是"我会停止服用胆固醇药物,调节饮食试试看"。

偶然情况下,患者认为其应当采取一些常规医疗手段,其回答显示出对这些改变的深层次认识,比如:"我真的需要抗抑郁药""抗生素应该会起效""我应当减肥20斤"或是"我应当进行激素治疗,使其达到平衡"。

但是更多情况下,当我问道:"你认为生病的根本原因是什么?"患者这样回答:"我一直忙忙碌碌,直到被掏空。""我的婚姻不幸福。""我讨厌现在的工作。""我需要更多保持自我的时间。""我太孤独,每夜都是眼泪伴我入眠。""我迷失了人生的方向。""我是如此讨厌自己,以至于不能在镜子前看自己一眼。""我无法面对现实。""我无法原谅自己的所做所为。"

当我问患者:"为了恢复健康,你的身体究竟需要什么?"他们的答案令我震惊:"我必须辞职。""到了我向父母承认出柜的时候了。""我应当请一位保姆。""我太孤独,应当交更多朋友。""我每天需要冥想。""我必须告诉我的先生,我有外遇了。""我需要自我救赎。""我需要爱我自己。""我应当变得乐观。"

哇哦……当很多患者没有做好通过直觉获知身体所需的准备时,这些勇敢的患者听从内心的指引,做出了巨大的改变。有些人辞职了,有些人离婚了,有些人搬到了另一个城市生活,而另一些人去追逐心中压抑已久的梦想了。

这些患者所取得的结果相当震撼。有些情况下,一大堆病症迅速消失,他们在接受了经年的无效医疗后开始自愈。我不禁肃然起敬。

一个关于自愈的故事

玛勒（Marla）是马林县的老住户。她是素食主义者，常常远足、练瑜伽并进行三项全能比赛，她还服用从理疗专家那里得到的众多保健品，从不沾烟酒和毒品。

但她有1米厚的医疗记录，并饱受4种不同的慢性病困扰。

玛勒从其朋友处听说我的治疗方法与众不同，因此与我预约，想看看是否能够找出她尽一切努力后仍健康状况不佳的原因。通过问卷调查对她的生活有所了解后，我发现玛勒非常不幸。她在婚姻中身心饱受摧残，已经有两年没有性生活了。她感到生活没有创造力，因为她的丈夫不支持她对于艺术的热爱，因此她不得不长期陷入田径训练，而没有时间来画画。还有，她一直在照顾家中长期生病的年迈母亲，为此精疲力竭。

在看完她的信息后，我知道在她的生活得到改变之前，她的身体永远无法恢复健康。她的心里充斥着负面情绪，那些压力激素在她的体内川流不息，没有哪种蔬菜、保健品、运动或是药物具有足够的功效来对抗体内长期的压力反应所产生的不良效应。

在我告诉了玛勒其生病的真正原因后，我问她："为了恢复健康，你的身体究竟需要什么？"

玛勒回答说："我需要搬到圣达非（Santa Fe）①。"

"为什么是圣达非？"我询问。

玛勒说："我在圣达非有一间度假屋，不管什么时候到那儿，所有的不适都消失了。"

也许能从生化体系的角度找到一个合理的解释。也许她对米尔山谷（Mill

---

① 译者注：美国新墨西哥州首府。

Valley)① 房子里或是海湾地区的什么东西过敏，也许是天气、饮食或是其他环境因素能够解释这种戏剧性的变化。

但我对此保持怀疑，所以鼓励玛勒去遵从自己身体的意愿、遵从自己内心的直觉。

1年后，我接到了玛勒的电话，她告诉我已经搬到了圣达非。为了这个决断，她告知了工作单位，将她母亲送到了靠近圣达非的一家不错的养老院，周末她可以前去探望。她还给她的丈夫递交了离婚协议书。一到圣达非，玛勒就到一所艺术学校进修，迅速与一个年轻人相恋，结识了一大帮艺术家朋友，他们酷爱远足、骑单车以及到城外的山上滑雪。

最重要的是，她告诉我，所有的不适症状在她搬家后的3个月内都消失了，就像魔法一样。

你的生活方式怎样影响你的身体

玛勒的病并不是由吃药、服用保养品或是进行手术治好的，而是通过减少生活中的压力、放松身心、追逐梦想、寻找真爱，从而使其体内不断释放促进健康的激素、抑制有害激素的产生来实现的。这些变化最终使她的身体产生了可测的生理学反应。

玛勒的情况并不是个例，我从很多患者身上观察到了相似的变化。最终我认识到，当前的医学治疗仅仅关注患者的生理状况而忽略了心理健康，这往往会对患者造成严重的伤害。

我对马林县患者进行治疗的经历，使我下一阶段的研究重点变成了寻找影响真正健康和长寿的关键因素。这激励着我到图书馆里去查找心理能够治愈身体的证据，除了传统医学中定义的健康生活习惯，我也在医学文献中搜索心理

---

① 译者注：旧金山北部地区。

健康影响身体健康的资料。

我的理论是——你选择的生活方式会引起身体的生理变化——包括你在生活中和职场上打交道的人、你能够拥有的自由创造性、精神交流、财物健康、是否快乐等，都会影响身体状况。那些能让你开心、让你选择健康的生活方式的人，如找到一个真正爱你、支持你的爱人，拥有关系紧密的朋友和家人，专注于自己热爱的事业……会让你的生活充满正能量，使你的身体产生放松反应而抑制压力反应，从而不断提升你的健康状况。

我们或多或少都知道压力不利于健康，但经过我的初步研究，我发现了心理压力与身体状况不佳的直接联系。我观察到了那些心理压力大的人，如感到孤独、事业受挫、易怒、忧心财物以及恐惧，都会导致疾病的产生。

是否有其他的科学家对这种联系进行过研究？是否存在支撑这一想法的证据？现在是查找参考文献的时候了。

我设定了任务目标，即证明生活方式的每个方面会影响心理状况，进而影响身体状况。我预计，为了过上健康的生活、摆脱疾病的困扰，你需要做到以下几点：

- **健康的人际关系**：包括与家庭成员、朋友、爱人和同事之间的联系互动。
- **健康、有意义的生活方式**：不管是否在家工作。
- **健康、有创造力的生活**：充分释放你的天性。
- **健康的精神生活**：包括保持一种宗教信仰。
- **健康的性生活**：允许你释放自己的激情、享受闺房之乐。
- **健康的财物状况**：能够满足主要的物质需要。
- **健康的生活环境**：无毒害、无污染、无辐射，不存在其他危及健康生命的因素。
- **健康的情感状况**：笑口常开、无忧无虑、不惊不惧。
- **促进身体健康的生活方式**：包括营养均衡、经常锻炼、睡眠充足、无不良嗜好等。

我检索到的科学证据验证了我的发现：生活中的各个方面——恋爱关系、工作状况、创造性的表现、精神生活、性生活等——具有使你压力山大或浑身轻松的力量。健康的恋爱能激发身体产生放松反应；而糟糕的恋爱关系只会让身体倍感压力。健康的精神生活同样如此，能够让你产生如高兴、希望、身心合一等积极向上的情感；而不健康的精神生活，比如你总是感到受到别人的评判、害怕受到报复或得到像下地狱等不好的下场，总是会产生压力反应。

只将注意力集中到身体健康而不考虑心理健康是不够的，想要促进身体健康而不注重心理健康无疑是无用的举动。只有当我们意识到，我们的身体是人际关系、精神状态、职场状况、性生活和谐程度、创造力、经济状况、环境因素、心理及情感健康的具象体现，我们才能够对其进行真正的治疗。事实上，数据表明，至少在某些场合下，心理健康即使不比身体健康更重要，其重要程度也不相上下。

想想盆骨痛患者的症状只在她暴虐的、极具控制欲的老板出现在办公室时才会发作，她去看妇科医生，被诊断为子宫内膜移位，被建议接受手术治疗并转诊到泌尿科。于是她去看了泌尿科医生，医生对其膀胱进行了内窥镜检查，诊断出间质性膀胱炎，但泌尿科医生建议她去看肠胃科医生以求确诊。她又去了肠胃科做了肠镜，结果又诊断出了肠易激综合征。

但没人聊到过她的症状只在老板进入办公室方才出现，没人提到可能是工作压力以及与老板间的紧张关系导致的重复的压力反应使得身体出现病症。也许，相较于服药和手术，她更需要换一份工作，这样就能够驱除那些负面的想法，然后让她的身体自愈。

生病与健康的对抗

如果身体健康而心理不健康，那我们还能够将这种健康称为健康吗？我们的医疗体系甚至都未对这种情况下定义。通常定义的"健康"并没有考虑你是否在职场春风得意、婚姻幸福或是身边有一众爱你的人。

在医学院学习期间,我被教导着将人划分为两类——病人和健康人。我们都知道病人是怎么回事,他们的某些身体机能存在问题,他们的某些检测指标不正常,被认为是染上病了。他们需要接受治疗,需要住院,更坏的结果是生命渐渐消逝,令人惋惜。

如果我们能够帮助他们向有益于身体健康的生活方式转变,如调节饮食或戒烟,这些变化可以让他们减轻病症,我们就会认为我们的工作卓有成效。

在另一方面,健康的人一切检查结果均正常,通常并不会受到病症困扰。即使他们有病,我们也已经采用治疗手段、节食、锻炼、减肥或其他任何方法来保证他们继续"健康"。

作为医护人员,我们的目标是防止健康的人生病,幸运的是,逐渐增强的健康意识使这一目标得以实现。公共健康教育,包括宣传的良好生活习惯,如营养均衡、经常锻炼、戒烟、控制体重、接种疫苗、体检等,对于提高大众的健康水平居功至伟。

但与此同时,医疗技术仍保持飞速发展,我们对于健康的认识在不断变化,社会中越来越多的人被诊断为过度肥胖、高度紧张、糖尿病、心脏功能不好、罹患癌症,或是不得不依靠药物对抗焦虑、抑郁和其他心理机能紊乱。

当然,还有一类人处于病人和健康人之间,从学术的角度,他们并没有生病,但身体状况也不是很好。他们的血检正常、主要生理指标稳定、医生并没有给他们开出什么处方,但他们的自我感觉不是很好,而且这种状况呈现出越来越流行的趋势。

这种流行病患者感到精力不振、易焦虑、睡眠不佳、性欲减退,他们迅速发胖、染上各种不良嗜好,且会出现一系列不良反应,如肌肉疼痛、背痛、颈椎痛、肠胃不适、头痛、胸部胀痛、头昏眼花等。

由于怀疑出现了什么大毛病,这种流行病患者会去看医生,希望知道到底是什么毛病。但当医生进行了一系列检查,最后宣布这些人身体"健康"的好消息时,这些病人感觉并不好。

因为医生不能从生理医学的角度找出这些患者出现病症的原因,我们会让他们接受抗抑郁药治疗或是其他没有确定病因的普适性药物治疗,但患者的病情常常得不到缓解。于是他们会去看另一个医生,重复这一过程,因为很明显身体的某个地方出了毛病。他们是对的,有的地方的确出了毛病,但并不是像他们以为的那样。

很多这类患者体检结果正常但感觉不适,这是重复压力反应影响身体健康的结果。除非压力得到缓解,不然这些患者还会习惯性地感觉不适。但现代医学体系似乎并没有注意到这一情况,他们认为这种病症"只存在于脑海中"。从某一方面来说,他们是对的,这种病症起于人的心理,然后在身体上得以表现。

情绪的生物学机制

那么,究竟一种想法或感受是如何转化为全身的生理反应呢?

你最初产生了一种想法或感觉——以害怕为例,医生告诉你只有3个月的余寿,或是为你注射了可能产生副作用的药剂。也许并没有这么戏剧性,只是你害怕你的妻子会离你而去,或是你的老板想要解雇你,或是你无法支付账单,或是你的梦想无法实现,或是你不招人喜爱。

你的想法是强有力的,你的"意识"脑会产生受到惊吓的意识,但你的蜥蜴脑(lizard brain)①并不能分辨出这究竟来自于恐惧的想法还是现实中的生命威胁。你的蜥蜴脑认为你就要死了,进而产生压力反应,启动"战或逃"机制,下丘脑-垂体-肾上腺轴受到刺激,交感神经产生响应,免疫系统关闭,从而让你做好从危险之地逃离的准备。

---

① 译者注:人类负责维系生命功能动作的脑部,掌管人的求生本能或动物性直觉。

当你的身体处于压力反应中时，身体的自我维持和自我修复功能迅速停止，按照人体系统的运行规律，这种压力反应只在极少的情况下才会被触发。只有当身体在大多数时间内都处于放松状态时，方能保证身体的健康。如果你是个住在原始部落的野人，你只需要担心如何从熊口下逃生，而这并不常发生。剩下的大多数时间内，你只需要摘摘野果、散散步、造造人，而不需要让自己经常处于紧张状态。

当然，我们的原始人祖先寿命并不长，因为他们每天都在面对实际的威胁，而这些威胁对于高度发达的现代社会而言并不存在，现代工业能为我们提供足够的防护和食物；但现代社会存在其特有的弊病。日常生活带来的压力——如孤独、不良婚姻状况、工作压力、经济压力、焦虑和抑郁等——使不好的想法和感受充斥着大脑，反复刺激下丘脑产生压力反应。即使你在心里知道这不过是一种感觉，但蜥蜴脑会认为你正处于受攻击的状态。

如恐惧、焦虑、愤怒、沮丧、怨恨等负面情感会刺激下丘脑-垂体-肾上腺皮质，不管你的身体是否处于危险之中，你的心里认为就是这样，因此下丘脑受到刺激，使神经系统释放促肾上腺皮质激素释放因子。促肾上腺皮质激素释放因子进而刺激垂体，使其分泌催乳素、生长因子、促肾上腺皮质激素，促使肾上腺释放皮质醇，帮助身体在大脑感应到危险信号时保持生化系统的动态平衡。

当下丘脑受到刺激，它同时会启动交感神经系统，导致肾上腺释放肾上腺素和去甲肾上腺素，从而使脉搏加速、血压上升，并引起其他的生理反应，这些激素的分泌物会使人体产生大量的代谢变化。

相对于供血至肠胃、手足部位，将血液输送至心脏、肌肉组织和大脑更有助于身体应对紧急状况。瞳孔扩张以收集更多光线，新陈代谢加速以燃烧脂肪、释放能量、增加血糖浓度、呼吸加速、气管扩张、供氧增加，肌肉保持紧张以便面对威胁时能够全速逃生。

胃酸分泌增加，消化酶减少，导致食管收缩、腹泻或便秘。皮质醇抑制免疫系统工作，以减少受伤可能产生的炎症。再生机制停止运转，面对险情，性生活无疑是一种奢望！

更基础的层面上，你的身体忽略了睡觉、消化、再生等诸多方面，而集中精力于逃跑、呼吸、思维、供氧和能量以帮助逃生。当身体面临生理威胁时，这些变化能帮助你逃离危险；但这种威胁仅仅存在于你的脑海中时，身体并没有意识到实际上并不存在对身体的威胁。随着时间的推移，当压力反应不断重复出现，这种本能的生理反应就会对人体产生危害。

因此，身体不能得到有效放松和修复，而若是不能保证足够的自主修复机制，人当然会生病，器官会受损，癌细胞过去能够被免疫系统消灭，而现在只会迅速扩散、自然生长。这种长期的损耗会让人体为此埋单，最终导致疾病发生。

但事实上，事情可以不按照这样的进程发展。按照赫伯特·本森的描述（见第8章），身体深深地了解应当怎样面对压力反应。当大脑产生积极的想法，感受到关爱、交流、亲切、愉悦和希望时，下丘脑会停止产生压力反应。当你在生活中和职场上乐观积极、感到被爱和受到支持、心理健康或是性生活和谐时，放松反应会取代压力反应。交感神经系统会关闭，皮质醇和肾上腺素指标下降，副交感神经系统开始工作，免疫系统恢复正常，身体能够进行自主修复过程，防止病菌侵入。因此，健康的人不易感染疾病，而对于病人，疾病更具威胁。

可不是这样！你的心理能够主导身体自愈，心理能够治愈身体。这并不是什么新世纪中的超自然现象，这只是自然的生理反应。

我现在坚信，积极信念和悉心照料能够抑制压力反应、激发放松反应、促使人体恢复到自然的生理状态以保持身体健康并进行自我疗愈。一个最典型的心理能够疗愈身体的方式就是恋爱。我们都知道，爱情具有疗愈的力量，那么你是否知道爱情不仅能够疗愈心理，也能够疗愈身体呢？孤独、生气和愤恨会毒害你的身体，对爱情的渴望，对家人、爱人和朋友的归属感一直存在于我们的基因中，只有当这些愿望得以实现时，身体才能更加健康。当我们找到自己的组织、感到被关爱、与了解你的人交流、接受自己的生活方式时，我们才能充分发挥身体自我修复的能力，从而使奇迹发生在你的身上。

Chapter 5　孤单是身体的毒药

"我们是如此需要另一个灵魂,从而在这孤独的人世中有所依靠。"

——西尔维娅·普拉特(Sylvia Plath)①

当你在评价自己的健康程度时,你可能习惯性地想到的是你的饮食状况、锻炼情况、维生素、生活习惯、基因以及是否遵照医嘱。但你是否会想到你的心理和社会状况,例如是否得到了你所在意的人对你的密切支持呢?

也许并没有,但你应当这样。

当它出现时,孤独感会让你的健康状况比长期吸烟更加不堪,而你所在意的人的支持会提升你的生活期待值。你相信吗?让我带你回到1961年的美国,在宾夕法尼亚州有一个罗赛托(Roseto)小镇,那是一个由意大利移民组成的新世纪里的复古王国。

那个小镇紧靠着丛林密布的山脊,很少有外来者进入村子。但请跟随我的脚步来到罗赛托小镇,让我来带你参观。

在白天,你会发现镇子里像是鬼城一样,只有空空荡荡的街道,因为孩子都在上学,而大人们则在采石场或是服装厂终日干着冗长无趣的劳动,以赚取薪金供孩子上大学。

在小镇主街加里波第大道的两侧,有很多建在岩石遍布的半山腰上的两层石屋。在富有进取意识的神父帕斯夸里·德·尼斯科(Pasquale de Nisco)成为主管之后,迦密山圣母教堂(Lady of Mount Carmel Church)变得高楼林立、富丽堂皇。德·尼斯科可以被视作罗赛托小镇得以日渐繁荣的首要功臣,他鼓励罗赛托人种植庄稼、蓄养牲畜、打理果木、营造积极向上的社会氛围、举办各项庆祝活动。不久后,学校、商店、工厂等现代文明的标志性产物纷纷蓬

---

① 译者注:美国诗坛上一名才华横溢的诗人,在大学期间一度精神崩溃,30岁左右就与世长辞,辞世前3周发表了自传体小说《钟形罩》,与英国天才诗人泰德·休斯的爱情和婚姻在全世界范围内为人津津乐道。

勃发展起来。

到了夜晚，你会发现整个罗赛托小镇都活了过来，人们下班回家，在主街上漫步，与街坊邻里闲聊着各种小道消息，回家前还会一起去喝一杯。当教堂的钟声响起，你会看到家庭主妇们聚集在公共厨房准备着意大利传统宴会，而男人们则将桌子拼在一起，上面堆满了意大利面、香肠、油炸肉丸和酒水，为即将到来的夜间盛会作准备。

作为一个新兴移民团体，1961年的罗赛托小镇居民并未被周围的英格兰和威尔士邻居们接纳，因此不得不相互抱团。数世同堂在这里很普遍，人人都去教堂，邻里之间相互串门并一起欢度假日。在这里非常强调职业道德，小镇居民并不只在这里工作，他们还肩负着一项共同的责任、一个为他们的繁重工作鼓劲的生活目标，那就是希望他们的后代能够过上更加幸福的生活。

罗赛托小镇的居民互相照顾，没有一个人是在独自面对生活中的困境，1961年的罗赛托小镇就是氏族生活的典型样本。

在它吸引了俄克拉荷马州立大学医学院的斯图尔特·沃尔夫（Stewart Wolf）博士（他在不远的波克诺山有一间夏日度假屋）的注意前，这个小镇一直不为世人所知。

一年夏天，沃尔夫博士要与当地的医疗系统接洽，在对话完成后，一个当地医生邀请他出去喝一杯。数杯啤酒下肚，那名医生自言自语地说，罗赛托小镇的心脏病患病率远低于毗邻的班戈（Bangor）小镇。

沃尔夫博士全神贯注地倾听。此时心脏病正当流行，是65岁以下男性的首席杀手。出于好奇，沃尔夫博士仔细研究了罗赛托小镇去世居民的死亡证明，并将其与该时间段内相邻小镇的情况相对比。令人惊讶的是，班戈小镇的心脏病发病率位于全国的平均水平，而罗赛托小镇的发病率则仅为全国水平的一半。事实上，65岁以下男性的心脏病发病率几乎为零。而且，其他一些疾病也存在这样的情况。在罗赛托小镇，各种病因的死亡率均比全国平均水平低30%~35%。

这一发现值得更进一步地研究。

正如马尔科姆·格拉德威尔（Malcolm Gladwell）在《异类》（*Outliers*）一书中介绍的那样，被雇来进行调研的社会学家约翰·伯伦（John Bruhn）回忆道："这里没有人自杀，没有人酗酒，没有人吸毒，犯罪率非常低，没有人好吃懒做、靠社保过活。我们来看看消化性溃疡患者，是的，这里也没有。这里的人们大多高寿，对，就是这样。"

发现了这一点后，沃尔夫博士和他的团队下决心要搞清楚为何罗赛托小镇的居民对于疾病具有如此高的抵抗力。为了回答这个问题，研究人员深入探索、不断研究，并访问了小镇2/3的成年人。沃尔夫博士最初怀疑他们所保留的旧时代饮食习惯使他们具有高抵抗力，也许是橄榄油起了作用。因此他们邀请了11位营养学家对罗赛托小镇居民的购物习惯和烹饪习惯进行了跟踪。

但事实表明并非如此。由于无法负担日常的橄榄油开销——这一最健康的食用油，他们更多采用猪油烹饪，日常食谱是批萨、腊肠、意大利辣香肠、蒜味香肠以及鸡蛋。事实上，这中间隐藏着一个令人吃惊的事实——在他们的食物中，41%的热量来自脂肪。

更进一步的研究发现，罗赛托小镇的意裔美国人在生理上并不是完全健康。实际上，这里的大多数居民抽烟、久坐、不运动，并有很多人过于肥胖。哪还有什么原因可以解释这种特殊性呢？沃尔夫博士怀疑是基因问题。由于罗赛托小镇居民的祖先都来自于意大利的同一个小村子，沃尔夫博士怀疑他们继承了相同的疾病防护基因。因此，他对居住在美国其他地区的罗赛托瓦尔福尔托雷民后裔进行了跟踪调查，来对比他们的健康水平是否与宾夕法尼亚州的亲族相一致。

但调查结果发现，那些散居在美国的意大利小镇后裔并没有比其他的美国人更健康，基因并不能解释这一切。

沃尔夫博士对罗赛托小镇的地理环境进行了测评，也许是水里的什么物质或是这里的医疗条件造成了这样低的患病率。他们对其相邻的两个小镇进行了同样的测评，这两个小镇具有平均水平的患病率。结果表明，患病率的差异与水源无关，拿撒勒（Nazareth）小镇、班戈小镇与罗赛托小镇共用同一水源，但这两个相邻的小镇与全国的大部分人健康水平相当。出于同样的考虑，患病率的差异也不是医疗条件或气候原因造成的。

沃尔夫博士最后终于认识到，如果不是他们的饮食习惯、地理环境、基因或是医疗条件的影响，那么对疾病的高抵抗力必然来自于罗赛托小镇自身。他总结道：一个相互支持、紧密联系的邻里关系比胆固醇水平或吸烟状况对心脏健康的影响更大。

沃尔夫博士的研究结束于罗赛托小镇邻里关系的黄金时代开始瓦解之前。相对于当时罗赛托小镇的居民在采石场和服装厂整日劳作，与现代文明与世隔绝以求后代能够有大学可上，从而实现美国梦所付出的青春岁月，年轻一代并未对生活保持与其先人同等的敬畏感。年轻人离开小镇去上大学，带回来新的想法、新的梦想和新的居民。意裔美国人开始与其他族裔通婚，孩子们不再去教堂，而是加入乡村俱乐部，并搬到离群索居的独栋房子里生活，原本紧密的邻里关系被栅栏和游泳池隔绝开来。

随着这些变化的发生，数代同堂的家庭逐渐消失，邻里关系也从原本共同参与的夜间庆祝变成了现代社会典型的"人不为己天诛地灭"模式。以前相互串门的邻居开始用电话来预约见面；而原本夜间庆祝活动上大人们唱着歌、孩子们尽情嬉戏的场景，则变成了固守在家中电视机前的日日夜夜。

1971年，由于合理饮食和运动的健康理念日益普及，美国其他地区的心脏疾病发病率明显降低，而罗赛托则在45周岁以下人群中出现了第一例心脏病死亡病例。经过10年的时间，罗赛托小镇的心脏病发病率倍增，而高血压发病率则变成了以往的3倍。更悲哀的是，到20世纪70年代末，那里的心脏病死亡率已经超过了全国平均水平。

正如其显示的那样，人与人之间相互扶持、相互滋养的影响甚至超出了食物，身体的健康状况清楚地反映了这一点。沃尔夫博士对罗赛托小镇进行了多年的跟踪研究，结果发现相对独立的个体更容易被生活的重担压垮，进而引发身体的压力反应。与之相反，在相互支持的邻里关系中，人更容易放松，进而对生理机能产生积极影响，进而能够抵御疾病，甚至可以促进病情的恢复。

相互支持的社会关系能够抵御疾病

对你而言，健康的人际关系有益身体健康应当是显而易见的，你也许会认为："哦，这也不是什么新鲜事。"

但医生有没有问过你是不是狠毒的前夫导致了你的纤维肌痛，或是母亲的严厉责备导致了你的心脏疾病？你有没有这样问过自己？

在本章接下来的部分，我将证明，社交与健康的人际关系，包括恋爱关系、健康的性关系以及宗教社群的支持，不仅能够使你愉悦，还能够影响你的生理状况。

现实证明，孤独会产生压力，而有爱的社群能够使人放松。压力和放松反应不仅能影响人的心理，同时也会影响人的身体。当你缺乏支持，感到自己必须独自面对生活的压力时，日常生活的重担会诱发焦虑，而大脑会将之视为一种威胁，从而对生理机能的各个方面产生影响，从血压到肾脏等。正如前面显示的那样，当你有朋友、亲属或邻居关爱时，这些压力产生的负面后果便能被减轻。实际上，仅此单一因素的影响，就比日常饮食、吸烟与否以及锻炼情况对身体的影响更为显著。

社群对于生活预期值的影响

一说起增加生活期望值的日常习惯，你通常会想到戒酒、散步、服用维生素、注意饮食、出行安全等，更甚于加入俱乐部、与朋友聚餐或是拥有一位好的室友。也许，是重新考虑这些预防性的健康指南，并开始发挥积极人际关系对于健康的重要作用的时候了。

并非只有罗赛托小镇的案例证明了积极的社会关系对于健康的影响，类似的研究在秘鲁、以色列、婆罗洲以及其他地方也纷纷开展，得出的结论均与之相同，即有爱的社群对健康的影响程度超过了饮食、锻炼或嗜好的影响。

一项对加利福尼亚州阿拉梅达县（Alameda County）居民进行的调查研究显示，对于各个年龄段和性别的人，在9年之中，即使排除了初始健康状况、社会经济地位、烟酒等嗜好、肥胖、竞争、生活满意度、锻炼以及医疗条件的影响，社交较少的人的死亡率约为社交达人的3倍，而且，社交活动较多人群的癌症患病率也更低。

到底应当与人进行怎样程度的交流方能使其对健康的影响与锻炼相当，这与个人的生活预期值有关。哈佛大学对约3 000名年长居民的生活进行了研究，结果发现，经常与朋友聚餐、打牌、一起旅行、看电影、进行体育活动、去教堂或参加其他社会活动的人比那些深居简出的人平均寿命要长2.5年。实际上，这些静态的社交活动对老年人的益处与体育锻炼相当。研究人员认为，社会追求与体育锻炼的效果是相当的，而更多研究结果表明，社会关系与生活期望值是紧密联系在一起的。

你在社会生活中得到的支持程度甚至能够影响你病愈的可能性。旧金山加利福尼亚大学的一项研究成果发表于《临床肿瘤学报》（*Journal of Clinical Oncorogy*），研究人员对近3 000名患有乳腺癌护士的社交生活进行了研究，他们发现，那些在诊断出乳腺癌前社交生活较少的女性，其任何原因的死亡率高出66%，而乳腺癌死亡率高出100%。那些单独进行癌症治疗的护士，其死亡率是数个朋友一起陪同治疗的护士的4倍。事实上，这一数据证明，朋友对于健康的影响甚至比配偶还要大。在这项研究中，配偶的陪伴并未表现出明显的差异，但朋友的陪伴却有着显著的不同。

瑞典萨尔格林斯卡大学（Sahlgrenska University）进行的一项研究中发现了社交生活对于健康的类似功效，研究者对741位男性心脏病患者的社交生活进行了15年的跟踪研究，发现"社会互动"多的人的心脏病发病率更低，这一成果发表于《欧洲心脏病学杂志》(*European Heart Journal*)。

《新科学家》(*New Scientist*)杂志的一篇文章研究了孤独对于健康的影响，埃默里大学（Emory University）医学院精神病学教授查尔斯·雷森（Charles Raison）博士总结说："具有丰富社交生活、善于开发社会关系的人们不容易生病，且更加高寿。"

宗教社群与健康

也许你并不认为去教堂是一种有益于健康的习惯，但事实上的确如此。加利福尼亚州公共健康协会（California Public Health Foundation）进行的一项研究表明，在28年时间内，有5 286名阿拉梅达县居民参加了宗教服务活动，其死亡率明显较低，这二者之间存在紧密的联系，这项成果发表于《美国公共健康杂志》(*American Journal of Public Health*)。巴克研究所（Buck Institute）进行了另一项关于老化的研究，他们对马林县1 931名老年居民在5年内的宗教事务参与程度与死亡率进行了评估，发现参与宗教活动能够对生活期望值产生促进作用，这一发现同样发表于《美国公共健康杂志》。

事实上，另一项研究表明，如果你接受过心脏手术，若能够从宗教社群获得支持和力量，6个月后的生还希望比常人高出3倍。

但是为什么宗教对于健康如此有益呢？你也许认为原因是那些常去教堂的人不会酗酒、吸毒或熬夜。是的，你的想法是正确的。参与宗教活动的人比非宗教人士更加自律。实际上，很多宗教人士，常主动追求低压力的积极生活方式，提倡自我节制、和谐的家庭生活。

但仅仅这些无法解释上述差异，事实远超于此。参与宗教活动的人有着更为广泛的社会关系网络，宗教社群会消除人们之间的隔阂，从而有益于健康。宗教社群对于身体健康的积极作用是巨大的，也许是因为宗教活动有助于人们开展社交，从而彼此相互关心，就如同罗赛托小镇的人们曾经所做的那样。

经常参与宗教活动的人比几乎不参加宗教活动的人平均寿命超出7年半（对于非裔美国人则超出约14年）。参与宗教社群的人已被证明具有更低的血压，不易得心血管疾病、抑郁症或出现自杀，有更低的吸毒率和更强的免疫系统。

在对阿拉梅达县的研究中，研究人员发现，人们对宗教活动的参与程度越高，相应地，其循环系统疾病、消化系统疾病、呼吸系统疾病以及几乎各种疾病的患病率都更低。实际上，每周参与宗教活动对健康的积极作用是非常明显的，几乎与戒烟和日常锻炼相当。

参与宗教社群的活动能够消除社会孤立，这已是毫无疑问的。就如同罗赛托小镇的居民，他们相互关爱，没有人感到孤独。宗教活动为人们提供共有的支持，从而表现为更加健康的身体，但对此也许存在着另一种解释。

在支持性的社会活动能够激发放松反应的基础上，对更强大力量的信念也许同样能激发积极的情绪，从而消除压力、有益于达到生理修复状态。对于更强大力量深信不疑的人更可能保持身体健康，因为他们更清楚失去和受伤的意义。一项研究表明，身为宗教人士的父母比其他父母能够更好地处理婴儿夭折的情况。宗教人士同样更容易谅解别人，从而减轻引起压力反应的发怒或怨恨等负面情绪。

尽管传统的宗教设置能够让人们获益，如拥有共同的信仰，你还是可以通过自己的方式获得个人的精神追求，从而进一步改善个人的健康状况。

那些被社会学家定义为"追寻神迹"的活动有益于健康，同样地，你对生活中的神迹充满感激——大自然的神圣、来自孩子的祝福、对工作责任感的认知、身体是爱的表达方式以及婚姻的圣洁性等——也会有益于健康。通过将崇高的品质灌输给平凡的我们，我们会变得更加超然，从而使自己放松下来，这不仅能够产生心情的愉悦，并且还能因此而促进健康。具有精神追求的人通常比无精神追求的人更加愉悦、具有更好的精神状态、不嗜烟酒、具有更强的应对能力,从而更加长寿。

请记住,尽管对健康有所帮助,但宗教并不是十全十美。正如生活具有多面性,精神生活在使人放松的同时也有可能引起压力。当宗教使人产生负罪感、羞耻心、压抑感和害怕受到上帝惩罚的恐惧感时,很可能会使人产生重复的压力反应,从而对健康不利。因此,并非所有精神生活都能够治愈身体,只有正确的精神生活才能达到这一效果,那才是对你而言的神迹。

恋爱关系与健康

如果你不认为婚姻是长寿的秘诀,或与爱人的同居能够治愈创伤,现在是开始考虑这些的时候了。目前,参与社群活动有益于健康已经得到了证实,医学文献也表明,保持恋爱关系有助于健康。数据显示,婚姻不仅影响健康状况,而且影响生活期望值。

洛杉矶加利福尼亚大学的一项研究回顾了人口普查数据,发现未婚人士英年早逝的概率比已婚人士高58%。保持健康婚姻状况的人们具有更低的血压,且不容易失眠,这一发现发表于《流行病和社会健康杂志》(*Journal of Epidemiology and Community Heal*)。

你是否处于恋爱之中但尚未结婚?别着急,并非只有已婚人士才会从恋爱关系中获益。新西兰奥塔戈大学(University of Otago)的研究团队对1000人进行了检查,发现那些处于恋爱关系的人——无论是否结婚——更不容易发生抑郁或酗酒,这一结果发表于《英国精神病杂志》(*British Journal of Psychiatry*)。

芝加哥大学和西北大学联合进行的另一项研究成果发表于《压力》(*Stress*)杂志,他们对1000名工商管理硕士(约有半数已婚或处于恋爱关系)进行了调查。这些学生被引导加入一系列经济类的电脑游戏,并使他们认为这是考试的一部分。在游戏前和游戏后对他们采集唾液样本来检测激素指标如压力激素皮质醇等。为了营造紧张气氛,他们获悉那是必修课考试,会对他们将来的就业安置产生影响。

所有参与者的压力激素浓度都上升了，但单身被试比非单身被试的上升水平更高。研究人员总结道："尽管婚姻会产生压力，但会使人们在处理生活中的其他问题时更加容易。"

尽管有些人乐于保持单身，但大多数人还是希望能够找到自己的另一半。从生理学的角度来讲，我们需要有个伴，很多例子表明幸福的婚姻对健康会起积极作用。恋爱关系是怎样改善健康状况的呢？很可能是通过心理作用。当你在恋爱关系中感到被关爱、受到支持和呵护，会激发更大程度的放松反应，从而改善你的生理机能。

请谨记，仅仅找个伴并不足够，恋爱关系也可能产生压力。不是所有的恋爱关系都对身体有益，只有正确的恋爱方式方能如此。与陷入不良恋爱关系相比，为了保持健康，还不如保持单身。俄亥俄州立大学的研究表明，一段不幸福的婚姻对健康有害，其对100名乳腺癌患者进行了检查，结果发现婚姻关系不佳的人其健康状况也不佳，这一结果发表于《癌症》(*Cancer*)杂志。

争吵不断的婚姻会危机健康，不仅可能导致受伤，同样会引起各种疾病。被家暴的女性更容易生病。因此，为自己的健康着想，不要使自己陷入不良的婚姻关系中。经营一段婚姻关系的关键是能够使自己放松，而不是倍感压力。

你是否失去过自己的另一半？当另一半不幸去世，从其他人那里寻求支持就显得尤为重要。一项研究表明，突然丧偶的人们更易出现身体问题。然而，如果他们能够对其他人敞开心扉，出现的健康问题就会减少，他们的心情也更可能有所平复。

性与健康

另一个常被提起的恋爱关系对健康的积极作用就是床笫之欢。由于性爱存在一定的危险——如性病、强奸、滥交以及意外怀孕——你可能尚未认识到它对健康的益处。但研究结果表明，与固定的伴侣保持健康的性关系能够显著地改善健康状况。

性生活健康的人往往高寿、心脏病患病率更低、不易患乳腺癌、免疫功能更强、睡眠质量更好、显得更加年轻、身材更好、生殖能力更强、慢性病的恢复更快、不易得偏头痛、不易抑郁、生活质量更高。

其证据是显而易见的。性爱并不仅仅是乐趣，它对健康有实实在在的好处！积极的性生活不仅能够促使人心甘情愿地进行体能锻炼，其对心理的积极作用——激发生理上的放松，抑制压力反应——对生理机能的影响可能更为显著。

但就像生活总是存在各个不同的方面，性生活也可能会让你产生压力。如果你存在性功能障碍、对性伴侣不信任、对配偶不忠、没有性欲或是对此感到痛苦，性生活就会激发压力反应。要想使性生活成为保持健康、防止生病的有效工具，其关键在于保持一段健康的性关系，从而使自己充分放松，而不是倍感压力。如果性生活让你感到紧张，找到其中存在的问题至关重要。

孤独的生物学机制

如果你因为拥有紧密的社会关系、常与信仰相同的人集会、处于恋爱关系中、朋友很多、尽情享受闺房之乐，从而拥有更好的健康状况，其实质究竟是什么呢？

我们已经得知，健康的社会关系是心理的良药，而心理对身体具有超乎寻常的影响。可是有很多人，特别是现代社会的人们，深受孤独寂寞之苦。当社会关系在一定程度上相对独立时可能是积极的——一种通过独处、静修和冥想或其他方式来为自己的心灵充电，从而有益身体健康——长期进行社交隔离会导致孤独，多项研究表明，孤独会激发身体产生"战或逃"的压力反应，从而影响身体健康。

每个人都有空虚寂寞的时候，但有些人让其变成了生活的常态。对孤独进行研究的加拿大心理学家维洛·舍尔马（Vello Sermat）发现，10%～30%的人感到孤独。在另一项研究中，有16%的人对一则称自己"大部分时间或一直感到孤独"的报纸广告产生回应。在孤独的人中，37%的人认为他们的健康状况"不佳"或"很差"。

正如罗伯特·帕特南（Robert Putnam）在《寂寞保龄球》（*Bowling Alone*）中写的那样："作为一个粗略的经验法则，如果你原来没有加入任何团体，现在决定想要加入一个，你在接下来的半年内不会有死亡的危险；如果你吸烟且没有加入任何团体，你要么戒烟、要么加入社群。这些发现是令人振奋的，加入社群总比减肥、保持锻炼或戒烟要容易。"

致力于研究社交隔离和孤独对身体影响的心理学家约翰·卡乔波（John Cacioppo）同样认为，终结孤独对身体的益处同戒烟一样。据其所言，孤独的人在皮质醇、炎症反应以及免疫系统等生理状况方面与社交达人存在显著差异。面对压力，感到孤独的人血压和皮质醇指标往往过高，且免疫系统更加紊乱。

孤独的人同样表现出了更高的心脏病、乳腺癌、阿尔茨海默病患病率以及自杀率。孤独甚至会影响冠状动脉旁路手术的术后死亡率。一项瑞典的研究对1 290名接受了心脏手术的患者进行了检查，发现自我表述为"我感到孤独"的人死亡率更高。

在对孤独的人和未感到孤独的人进行对比研究后发现，孤独的人往往心血管功能紊乱，包括血管存在更高的外周阻力、更高的血压、使血管放松的一氧化碳浓度更低、心律不齐、心肌收缩力不足，就如人面对威胁时产生的生理反应一样。

研究人员怀疑，孤独的人睡眠质量不足，而缺乏睡眠会降低葡萄糖耐性、提升皮质醇浓度，使控制"战或逃"的交感神经更容易被激发。这些通常是衰老的表现，这也许能够解释为什么孤独的人身体较差。

长期孤独的人的唾液中的皮质醇浓度往往更高，这说明促肾上腺皮质激素分泌更多，产生压力反应的下丘脑-垂体-肾上腺轴受到的刺激更多。多项研究表明，孤独会抑制免疫功能，使身体无法应对疾病感染、对癌细胞发起攻击以及进行有效的身体修复。

卡乔波建议，终结孤独的方法并不是与其他人花费更多的时间，他认为关键在于改变对其他人的态度。孤独的人往往将他人视为潜在的威胁。当我们感到处于险境时，有害的压力激素以及其他产生恐惧的物质就会被激发。当我们感到孤独时，身体也会产生反应。

在我们心里，可能会认为孤独只是一种没有联系、没有归属、无爱的感觉，但我们的蜥蜴脑则只存在一种与身体其他部位交流的方式："警报，我们有麻烦了！"尽管大脑能够区别面对野兽的袭击与感到孤独的差异，身体产生的应对威胁的激素却是一模一样的。当大脑发出警报，下丘脑、垂体、肾上腺都开始工作，产生压力激素，如肾上腺素、去甲肾上腺素以及皮质醇，就如同保罗·里维尔（Paul Revere）① 那样，告诉身体的其他器官，需要面对的是失控的野兽。

通常情况下，当蜥蜴脑认为危险已经消除时，压力反应系统就会停止运转，从而使身体的各个器官恢复至常态。但如果长期感到孤独，身体就会长时间处于压力反应状态，这不仅会影响健康，还有可能减寿。鉴于孤独对身体的危害等同于吸烟，难道医生不应该建议患者寻求社会支持、减轻孤独感，从而追寻更健康的生活方式吗？

所有的社会关系并非生来即平等

科学数据表明，健康的社会关系会影响心理状态，从而影响身体健康。但

---

① 译者注：1734-1818，美国籍银匠，早期实业家，美国独立战争时期著名爱国人士，在列克星敦和康科德战役前夜警告殖民地民兵英军即将来袭，被称为"里维尔夜奔"。

很明显，所有的社会关系并非生来即平等。很多孤独的人之所以选择孤独，是因为在以往的社会关系中受到过伤害。我们知道，少年时期受到的辱骂或忽视会影响人的寿命；对饱含冲突和敌意的社会关系的忍受会危及身心健康；存在家暴的婚姻很明显能够伤害人甚至杀人；当你的家人都是将开枪当作家常便饭的黑帮人士时，你的健康当然处于险境；当你周围的人都在吸毒时，保持孤单显然对健康更有好处。

这些例子清楚地表明了不良的社会关系是怎样对人造成危害的，但你可能并未意识到那些非支持性的微妙社会关系是怎样危机你的健康的。你也许并未发现，当教会因未遵守社会准则而对你进行批评时，你的心理很可能产生压力反应，从而对健康状况造成负面影响；当家人总是对你喋喋不休时，周末的家庭聚餐显然并不能像罗赛托小镇那样对你的健康有帮助；当你从幼儿园同一群妈妈一道出来，却觉得对她们真诚表露并不安全时，你的身体就会感受到威胁。

不健康的社会关系对人有害并不是新闻，也并不会使人惊讶。你也许知道你所处的社会关系对你有害，但你并未认识到它们是怎样影响你的生理状况的。当你罹患癌症，你并不会主动想到失败的婚姻导致的长期压力反应减弱了你的免疫系统功能；当你得了心脏病时，你不会想到这与常常揍你的姐妹以及伤害你、在背后讲你坏话的"朋友"有关。

尽管数据显示我们需要他人的陪伴来追求健康，但我们需要的是健康的、真心的社会关系，这使得我们能够做自己而不会遭受评价和批判。仅仅社交的接触是不够的，如果周围的人让你感到不安，你的身体就会产生压力反应。

另外一些负面的社会关系状况，如攻击、讨厌、缺爱，也会激发压力反应，而关爱、同情、归属感则能够激发产生放松反应和心情愉悦的激素，如后叶催产素、多巴胺以及内啡肽。

换言之，开始变成社交达人吧，让自己拥有朋友和家人的陪伴吧，不要让自己变得孤独就好。但你需要留意你所处的社会关系，明智地选择你的交际圈，确保最后你能够从你的社交群里获得支持，而不是备受评价、批判、威逼、压制或恐吓。

"人是社会的动物"是一个通用准则。从历史的角度看，群居社会在威胁丛生的环境中具有明显的好处。在我们的内心深处，我们渴望得到爱、归属感和社会关联。是的，有些人性格内向，而有些人外向；有些人有过伤心史，因此将孤单作为保护自己不受伤害的手段；有些人对社会关联有着更多需求，而另一些人则认为真正放松所需要的是一个人的冥想。最终，你需要根据自身的情况来找到个人的生活智慧，从而决定怎样才能使自己活得滋润，并有益于身心健康。

当你感到不安时，想要对社会关系彻底开放自己并不容易。在你伤过心以后，可能会让你不愿再想要敞开心扉、坦露最柔软的内心，很多人就是这样。但是敞开心扉很关键，害羞、保守秘密以及社会隔离都是阻止你疗愈自己的敌人。

弱点的力量

《活出感性》（*Daring Greatly*）和《脆弱的力量》（*Gifts of Imperfection*）的作者、休斯敦大学教授布琳·布朗研究了耻辱、恐惧等弱点中存在的力量。在一次 TEDx① 演讲"脆弱的力量"中，布朗讨论了耻辱的作用以及害羞是怎样导致社会隔离的。她说，要有勇气承认自己的脆弱，培养对他人瑕疵的同情心，并为健康社会关系的建立设定合理的边界。

在《脆弱的力量》一书中，布朗写道："如果我们希望能够全身心地生活和去爱，如果我们想要向世人展现自我的价值，我们必须谈到这其中的所有事

---

① 译者注：TED 是美国一家私有非盈利机构，以其组织的 TED 大会著称，T 代表"技术"（Technology），E 代表"娱乐"（Entertainment），D 代表"设计"（Design），其主旨是：观点值得传播。

情，特别是耻辱、恐惧和弱点。"她将耻辱描述为害怕不被爱，并说："心有羞耻方为人。"

我们对自己感到羞耻的方式和内容因人而异，但这涵盖了生活的各个方面——身体形象、工作、钱财、社会关系、嗜好、教养、性爱、成长、家庭以及其他。但好消息是，如果我们感到羞耻，我们就拥有布朗所说的"羞耻复原力"（shame resilience）——一种发现羞耻感的来源、引导其健康发展、培养我们的价值观和现实存在感并用它来增加勇气、对他人的耻辱抱以同情、最终与他人建立联系的能力。

据布朗所言，负罪感和羞耻感的差别在于，负罪感暗指"我做了错事"，而羞耻感则意为"我不对"。负罪感使人更加正直，但羞耻感常使人偏离真实的人际关系。布朗建议，最好的解决方法是激发自己的勇气、承认自己的脆弱、直面现实、自我同情、不再过分追求完美，而是培养"一心一意"，全身心地投入生活和所爱。

通过对耻辱、恐惧和弱点的研究，布朗发现，一心一意的人的生活充满了价值感、闲适、娱乐、信任、信念、直觉、希望、真实、关爱、归属感、快乐、感激和创造力，而不是追求完美、麻木不仁、相信宿命、过度消费、自我满足、装酷、过度健身、批评挑剔和索求无度。

每天都是加深你和他人社会关联的好机会。当你的内心开始倾听、拥有了羞耻复原力、不再评判他人、学会原谅的艺术、自发锻炼并显露真性情时，你就能让心灵按其所需地工作，从而让身体以最自然的方式进行自我修复、自我优化。

治疗孤独的方法

如果你过着独居的生活，不管是放弃更多社交还是选择孤身一人，你还是可以找到解决某些孤独和社会隔离对身体不良影响的方法。在第8章，我将介绍一些在家里能够进行放松的技巧，从而减轻压力反应。

如果你感到孤独，想要改善健康状况；或是陷入不良社会关系、想要消除其对身体的不良影响，那么按照我所说的来做。在第 10 章，你将会学到如何找出生活中社会关系的不和谐之处，为终结孤独制定可行的计划，从而尽情享受健康的社会关系给身体带来的好处。

到目前为止，我希望你能认识到，解决孤独最好的办法是与关心你的人亲密接触。让世界见识到你的真实和美好。因此很多人为某些我们不适合的人花费了巨大的精力，当我们最终被接受的时候，我们却丧失了自我，进而影响到了身体健康。

现实情况是，当人们在社会交往中渴望被接受时，为了实现这一目的，必须持续不断地向着目标努力，这意味着必须走在时尚的前沿、将自己与他人进行比较、为了他人的喜好而牺牲自己所爱以及迎合人为设置的一致性标准。你越是想活得洒脱，你越感到与世隔离。正如布琳·布朗在由作家/知名博主克里斯·吉尔博（Chris Guillebeau）主持的"世界统治峰会"（World Domination Summit）中发言所说："归属感的头号障碍就是想要强行加入。"这必将会导致孤独，也将使人付出沉重的代价，不仅使人孤独，还会使人抱怨。

你也许迫切希望获得社交上的接纳，从而不再感到不合群或受伤。我们都希望被爱和被接受，渴望获得归属感。但其代价是什么？为此是否值得出卖自我、用当前多变的认可标准把自己伪装起来（唯一可以确定的是这些标准与之前不同）？

并非如此。

摘掉你的面具，让你内心的光芒肆意散发，也许那并不"酷"，但却给人以深入交流的机会。想要真正承认自己不酷需要真正的勇气，而在本书里没有比勇于做自己更酷的行为。当你足够勇敢地做自己，对于那些渴望克服恐惧、达到同样目的的人而言，你就会像一块磁铁，牢牢吸引着他们的注意。我亲爱的朋友，那才是治疗恐惧的正确方法啊。

Chapter 6 过劳死

"非正常的工作会产生过多压力。"

——薄伽梵歌（Bhagavad Gita）①

现在我们已经知道不好的工作环境会危及健康：士兵亡于战场，警察在与犯罪分子的对峙中受伤，建设工人从高楼坠下，研究人员因生化事故而感染罕见病毒。

你在工作日的所作所为很明显会影响你的身体健康，但并非仅通过肉体伤害，还会通过因压力反应或放松反应而产生的心理作用影响身体健康。人们都知道工作可能会使人产生压力，但有的人也可能由于从事着自己钟爱的工作，对此充满使命感和责任感，从而为能够付诸努力而心怀感激。这种感受有益于身体健康。

我们都知道工作压力对健康有害，会引起身体的不良反应，那些在工作失误后偏头痛或是在老板批评后肩周僵硬的人都能用亲身经历为此证明。

但医生是否建议让你去从事喜爱的工作以治疗肿瘤，或是建议你辞职以治疗肠易激综合征？你是否曾将工作压力诊断为生病的根源或是将慢性疾病的恢复归因于事业的成功？

也许是改变思维定势的时候了。

你也许对于工作怎样影响健康并没有考虑太多。当你生病时，你会认为这是由于基因缺陷、不良饮食、缺乏锻炼、生化指标不均衡导致的。也许这是对的，但工作压力同样可能对此有影响，甚至可能是主要因素。你也许对于病症的治疗方法并非传统的药物或手术而感到惊讶——也许处方是寻求处理工作压力的新方法、换一份工作以减少焦虑甚至是彻底改变职业。

---

① 译者注：并入摩诃婆罗多的印度教经文，古梵语史诗。以哲学对话的形式写成，是克里希纳对阿周那王子在道德和神的存在本质方面的教导。

正如其表现出的那样，人可能因工作而死，也可能从中找到真正的乐趣。在日本，人们对于工作压力对健康的影响有着清醒的认识，他们甚至为此创造了一个新的单词——过劳死（karoshi），其定义为"因过度工作而死亡"。

就如同大部分日本人那样，每周工作超过 60 小时的平冈（Satoru Hiraoka）是一名合格的斗士，他将公司放在首位，最后才是家庭，他没有任何闲暇时间、周末或节假日。平冈用了 28 年多的时间，终于成了椿本精工株式会社（Tsubakimoto Seiko）旗下位于大阪市的精密轴承工厂的一名中层经理，他每天工作 12～16 个小时，每周的工作时间超过 95 小时。

上述数据一点儿都不夸张，平冈的工作时间表显示，在他猝然去世之前，他的加班时间超过 1400 小时。作为一名完美的雇员，他从未请过病假、也从未休过假、从未旷班去陪小孩。他是那种理想型的"企业工作者"①。

1988 年 2 月 23 日，在当天工作了 15 小时后，这位年仅 48 岁的男士回到家中突然发病，医生诊断其为"突发性心动能不全"，随即去世。

若不是一组日本职业病学专家和心脏病专家对这一现象进行的研究，可能平冈以及成千上万个类似的案例仍未引起世人的注意。这些医生们注意到，经常加班的人们死于突发性心脏病和大脑疾病的概率大增。第一例病例报道于 1969 年，一名工人死于心脏病发作，年仅 29 岁。

直到 1987 年，日本劳工部才开始收集过劳死的相关数据。从此以后，日本官方数据显示，每年约有 10 000 起过劳死案例发生。有些律师和学者声称，日本每年的过劳死数据不少于甚至超过死于交通意外的人数。

根据大阪社会医学研究中心（Osaka - based Social medical Study Institute）主任田尻俊一郎（Shunichiro Tajiri）所言，过劳死主要发生于工作压力较大的四五十岁的健康男性人群，他们每天工作超过 12 小时，一周工作 6～7 天。在去世之前，他们大多抱怨头昏眼花、恶心呕吐、头疼和胃痛。95% 的过劳死案

---

① 原注："公司的斗士（corporation soldier）"。

例中，患者会在出现上述极端症状的 24 小时内去世，尽管有时候一些症状相对缓和的患者去世得更快。

《芝加哥讲坛》（*Chicago Tribune*）的一篇文章写道："在每一个案例中，患者去世前都是健康的，并未表现出任何病症。他们只是纯粹地努力工作，直至把自己累死。"

平岗的遗孀是声称接受了过劳死赔偿众人中的一员。但由于过劳死本身并非一种疾病——它只是压力导致生理变化的集群表象——通常很难证明英年早逝与过多的工作压力以及长时间加班有关，相对于工伤意外赔偿，过劳死赔偿很难获得。无论如何，关于过劳死的抱怨越来越多，因此付出的赔偿金额也不断上涨。

美国的过劳死

并非只在日本会发生过劳死，这也并不是一个新的社会现象。早在 1863 年 6 月，一家伦敦的报纸就报道了题为"过度工作导致的死亡"的故事，讲述了一名 20 岁的服装厂女工在每天工作超过 16 小时、最长连续工作 30 小时后去世的故事。尽管这听上去像是发生在狄更斯的小说里的故事，事实上这样的事情正发生在美国、日本和英国。

信息时代把我们都变成了工作狂，不再有因通信速度过慢而得到的被动休息时间。现在，并非只有医生每周 70 天、每天 24 小时在线，大多数人都是这样。电子邮件、手机、寻呼机、传真机、笔记本电脑以及平板电脑的出现，让我们几乎所有时间都能够被联系上，工作人员越来越差的健康状况反映了这一点。由健康保险公司"牛津健康计划"（Oxford Health Plans）主导的一项研究表明，每 3 个美国人中，就有一个抱病工作。根据艾派迪公司的网络调查结果，同样的困扰在于，1/3 的美国人无法正常休假。

与此相似，约 1/4 的英国人无法正常休假，很多法国人也是这样。区别在于，大多数欧洲人拥有更长的休假时间——英国人的年平均休假时间约为 26 天，法国人为 37 天；而在美国，这一数据仅为 14 天。另一个区别之处在于，有 137 个国家通过法律规定，员工拥有带薪假期；而美国则是仅有的没有此规定的现代工业国家。

无法得到足够的休息导致了早逝。一项 2000 年发表于《心身医学杂志》（*psychosomatic Medicine*）的文章对 12 000 名男士在 9 年内的工作情况进行了跟踪，发现无法休假者的死亡率比其他人高 21%，而死于心脏病发作的概率则超出 32%。

在另一项发表于《美国流行病学杂志》的研究中，约翰·霍普金斯大学的研究人员对弗雷明汉心脏研究中心（Framingham Heart Study）近 20 年的患者数据进行了分析，发现每 6 年方才休假或休假更少的女性，其冠心病或心脏病的发生率约为每两年休一次假的女性的 8 倍。

尽管大多数过劳死的案例来自于日本，国际劳工组织提供的数据显示，在美国，过度工作的案例增长速度已超过了日本。医生和政府已经认识到了过劳死是一种特殊的病症，就像日本所做的那样会对其家属进行补偿，但由于难于追踪，很难说在美国到底多大的工作压力会导致死亡。但我们可以打赌，过度工作肯定会影响我们大多数人的健康。

工作压力的分类

工作时倍感压力的人在工作日时间内会频繁地激发压力反应。想象一下，大腹便便、面红耳赤的检察律师以颤抖的哭腔大声咆哮——就像动画片里耳朵冒烟的形象——直到律师因突发心脏病跪倒在法庭中央。然后是一个华尔街股票的顶级操盘手每天工作 16 小时，常常慷慨激昂地发出被杀似的尖叫，直到她的血压像坐火箭一样飙升，最终死于突发性心脏病，年仅 42 岁。

金色手铐鲜活而美好，很多高级职业工作者从拂晓工作至午夜，每周工作

100个小时，以求得高额薪酬；另一些低层次的工作者像奴隶一样工作，以求得微薄的薪水。医生、投资银行家、商业咨询人士、司机、飞行员、律师以及其他从业者都面对着超长的工作时间和非同一般的工作压力。

工作压力的来源不一，但压力却以相似的方式影响着身体健康。压力会引起人际冲突，这在律师、债务受理人、客服代表以及其他易受工作伙伴、领导及顾客欺压的职业中尤为普遍。在高薪职业中，如医生、护士、消防队员、军人、空乘人员、商务飞行员以及刑事检察官等，些许的失误都有可能让某些人家破人亡。

有些职业压力会让你想要出卖自己的灵魂或牺牲正义感，就如同广告商希望能让不健康的产品广为人知，白领被要求对公司可能参与的欺诈活动保持沉默，军人被要求执行不人道的行动，警察为使法律通过而不得不牺牲个人的价值观。

在工作场所的无力感以及缺乏控制感同样会产生压力，就像护士明知医生进行了错误治疗，但仍必须按照指令行事，以及那些在公司地位低下的人，即使有好主意也无法发声。

另一些工作压力则来自于组织内的限制——工作中遇到的那些无趣、令人沮丧的障碍，如爱发号施令的同事、对必要信息缺乏了解以及缺少顺利完成工作的行动自主权等。

有的工作压力则来自于关于自身所处角色的困惑，当你不了解个人的期望或不清楚是否已经达到了预定目标时，就会如此。还有的工作压力来自于信息冲突，当同一工作环境的不同成员发布了相互冲突的信息时，你就会感到头脑爆炸。

尽管大脑能够对这些压力进行区分，蜥蜴脑却将他们都理解为同一件事——威胁，随之生理上的压力反应就会被激发。无论压力的来源是什么，身体都会产生与长期孤独相似的生理反应。由于大脑与身体的其他部位通过激素进行交流，因此产生的生理反应都是一样的，无论是面对老板的咆哮、愤怒的顾客还是为着火的建筑灭火。

因此，当你下一次选择加班、忍受老板发火或是工作中感到无助时，请记住，你正在通过折磨自己的内心、破坏血管、刺激消化道、消耗肾上腺、弱化免疫系统以及压迫胰腺来缩减自己的生命长度。

真的值得这样吗？当你在职场上为升职而奋斗、在经济不景气时想要保住自己的工作或是因没有完成销售额而担心无法付房租时，对工作的压力苦苦忍受是可以理解的。但你真的愿意缩短数年的寿命来挣更多钱、招揽更多顾客以及提升在老板心中的形象吗？

相反，你可以考虑通过在工作中设定界限以及进行自我保护来对你的健康状况进行数年的投资。在第8章，我们将谈到面对工作压力时保护身体的数种途径，本书的第三部分将讨论如何保证工作与健康的同步发展。截至目前，已经能够认为，工作压力并非好事。为了过上充满生气的生活、延长寿命，找到正确的方法使工作能够让人平静而放松是非常重要的。

工作压力的典型表现

当面对工作压力时，身体会在出现问题前有所表现。在你心脏病发作或是患上癌症之前，很可能出现较弱程度的身体不适，如背痛、头痛、眼睛酸涩、失眠、易疲劳、头晕、食欲紊乱以及肠胃不适。

请将下列症状视作严重病症的警戒信号。

背痛

多项研究表明，就如关节炎和纤维肌痛会引起背痛一样，越来越多的背痛病例与日常工作压力有关。工作压力与背痛[①]的关系被认为是由于重复性的压

---

① 原注：以及其他类型的骨骼疼痛。

力反应和受到刺激的下丘脑 - 垂体 - 肾上腺轴使皮质醇一直保持在较高水平，久而久之会抑制免疫系统、增加炎症反应，从而使身体对疼痛的敏感程度增加。

头痛

彻夜通宵并因此遭受偏头痛的人可以证明，工作压力会导致头痛，很可能是因为感觉神经通道位于头部中的大脑，因而头对压力超级敏感。一旦大脑对于疼痛刺激过度响应，即使是轻微的阵痛都会刺激大脑神经，从而引起疼痛和肌肉紧张。

眼睛干涩

职业压力也会引起眼睛干涩，包括发痒、眼皮沉重或眼部疼痛以及视觉模糊或出现重影，其原因被认为是眼部及眼周出现炎症和对疼痛的强化反应。特定的工作任务，如使用电脑等会增加眼部肌肉的疲劳程度。

失眠

加班往往意味着熬夜，因此工作压力对我们的主要影响就是休息不足。一项瑞典的研究结果表明，10%～40%的工作者存在工作相关的失眠情况，科学家分析认为，压力反应引起的促肾上腺皮质激素和皮质醇指标上升会减少能够使我们在夜间充分休息的褪黑激素的生成。

易疲劳

很明显，如果工作影响了你的休息，你就会感到疲惫；但当你感到工作压力时，即使你睡得很好，其他的生理因素同样会让你感到疲劳。尽管其机制尚不清楚，但易疲劳是人们有工作压力时最普遍的表现之一。目前已经清楚的是，压力引起的生化指标变化使人们以特定的方式产生反应，因此有些人在工作中更易疲劳，是因为他们感受到了更大的工作压力。

头昏

即使某些工作不会令人昏乱，工作场所的压力也会使人头昏眼花，表现为心率、血压以及呼吸的变化，这些都与交感神经系统受到的刺激有关。这些重要指标的变化，特别是呼吸速率的加快，会导致换气过度，改变人体内的酸性介质环境，从而打断通过小脑和第八对颅神经来对其进行平衡的神经系统的响应。

进食紊乱

尽管通常情况下工作压力会导致食欲不振，但由于每个人体质不同，工作压力可能会增加或减弱食欲，从而导致体重增加或减轻。21%的被试在经历带来压力的事件后出现食欲不振。情绪上的压力来源会刺激大脑分泌促肾上腺皮质激素和α-促黑素细胞刺激素（melanocyte-stimulating hormone，MSH），从而导致食欲减退、体重减轻。

但事与愿违的是，刺激交感神经系统会使胃里释放胃饥饿素，使人感到饥饿，从而增加体重。当这一机制在面对压力的情况下开始作用时，长期的工作压力会通过刺激皮质醇生成来影响食欲。当皮质醇指标较高时，体内脂肪增加；而当皮质醇被耗尽时，瘦素信号肽（signaling peptide leptin）的释放会减弱食欲。

肠胃不适

工作压力会导致肠胃功能紊乱，如反胃、胃灼热、胃痉挛、腹泻以及肠易激综合征等，它们中的大部分与压力反应导致的促肾上腺皮质激素指标上升有关。作为对促肾上腺皮质激素的响应，胃排空会减弱，从而导致胃疼和胃痉挛。胃灼热情况更糟，不仅是因为胃酸指标上升，也是因为压力反应减小了胃部的疼痛阈值，使胃部对于疼痛更为敏感，使胃溃疡的患病率大增。压力反应同样降低了胃扩张的能力，刺激结肠收缩，导致腹泻以及肠易激综合征等其他症状，这主要是和促肾上腺皮质激素释放因子的超量合成有关。

压力与危及生命的疾病

你可能并不认为背痛、胃疼和失眠是严重的健康问题，但它们是身体对压力产生反应的早期信号。这些症状与孤独的人的症状相似。美国人平均每天大约会产生50次压力反应，而孤独的人或倍感工作压力的人产生的压力反应更多，从而要求身体花费更多精力以维持体内的静态平衡。

在一开始，身体尚能承受。但经过一段时间，身体开始疲劳，事情逐渐变糟。血压的频繁上升导致血管壁变厚并受到压迫；脂肪酸和葡萄糖的过度合成会产生牙菌斑，从而导致心脏疾病；慢性肌肉紧张和炎症会引起疼痛和骨骼变形；皮质醇的过度合成会抑制免疫系统，使身体受到感染、罹患癌症。

工作压力所引起的长期压力反应会导致心脏疾病、甲状腺疾病、溃疡、免疫系统疾病、肥胖、糖尿病、性功能障碍、抑郁、神经性厌食、柯兴综合征（Cushing's syndrome）、慢性疲劳综合征、炎症以及癌症。一项研究结果甚至发现，不友善的环境工作会使人早逝。另一项面向7 000人的研究结果证明，尽管有工作比没工作对健康有益，但若工作的薪水少、要求高、得不到支持，你最好不要工作。

因此，当你享受压力巨大的工作带来的丰厚薪酬时，请谨记，你目前为止所付出的也许比他们为你提供的更多。

经济压力与健康

如果你的工作压力很大，你怀疑健康会受到影响，你可能想要减少工作时间、辞职甚至改变职业。但若你是这些人中的一员，你蜥蜴脑中的恶魔会用邪恶的语言诱惑你："你无法承担辞职的后果，你这个傻瓜！你准备怎样去支付账单？"

这对很多人而言都是非常现实的问题。在饱受压力的工作环境下，你的身体也许会代谢失调，但对失业的恐惧会进一步放大这些感受。

通常情况下，工作压力与经济压力紧密地联系在一起。这是免不了的，因为经济压力会像工作压力和孤独一样影响健康。关于财富和健康之间的关系的研究数不胜数。健康和公共事业部的塔·辛格（Gopal Singh）与内布拉斯加大学（University of Nebraska）医学中心教授穆罕默德·希亚布什（Mohammad Siahpush）一起，利用对教育、收入、住房等其他因素的普查数据，开发了一项社会经济状况的评估指数。他们发现，从 1998 年至 2000 年，富人比穷人的平均寿命长 4.5 年（分别为 79.2 年和 74.7 年）。据辛格所言，这种寿命的差别正随着时间推移不断拉大。富人罹患除癌症外所有病症的可能性正在逐渐降低，而即使是罹患癌症，他们存活的可能性也更高。他们更不容易出现意外事故或伤残，他们孩子的存活率是贫穷家庭的孩子的两倍。

富人甚至在去世前遭受的痛苦都比穷人小。在一项研究中，研究人员对 2 064 名年龄超过 70 岁、去世时家庭资产超过 70 000 美元的家庭的其他成员进行了采访，发现富有的人比其他人去世前遭受痛苦的可能性低 33%；他们也不易出现抑郁或呼吸短促。即使将其年龄、性别、种族、受教育程度以及医疗条件考虑在内，这种差别依然存在。为什么会这样？研究人员假设，经济条件好的人会更直接地反映身体的不适，从而得到更好的治疗；同时他们也能通过自费来获得更好的服务。

当然，这些差异产生的原因就像先有鸡还是先有蛋一样无法断言。富人能赚更多的钱是因为他们更健康吗？穷人经济窘迫是因为身体状况不佳吗？还是说有钱人更容易得到医疗设施，仅仅只因为他们经济上负担得起？

你也许会辩称，他们所承担的健康保险费用解释了这种差异，但研究结果表明并非如此。当为他们提供相同的健康保险赔偿金时，在公司中身居高位的人比身份较低的人更为健康。某些卫生处官员认为，社会不平等才是真正的杀手。经济状况较差的人们认为他们无力掌控自己的生命，对基本需求更为担心，从而激发了身体的压力反应。

但并非定要如此。你也许不能一夜暴富，但你能够改变自己对于经济状况不佳的想法。

工作快乐才能身体健康

毫不令人吃惊的是，能够尊重员工、激发创造力、灵活机动、具有良好办公室人际关系的工作环境有益于工作者的健康。那些有益于工作者健康的项目通常能够带来经济利益，如喜互惠连锁超市（Safeway）通过改善员工的健康状况而得到了额外的红利。但这并非只与尊重员工的工作环境和合理选择餐厅的食物有关，有证据表明，虽然工作压力能够削减寿命，但是从事钟爱的工作却能够挽救生命。

找到你所从事职业的乐趣所在就是心灵的良药，身体也能因此受益。《幸福有方法》（*The How of Happiness*）一书作者、幸福问题研究专家索尼娅·柳博米尔斯基（Sonja Lyubomisky）认为，为了个人的事业进行奋斗的人比那些没有梦想和激情的人更加快乐。她说："从每一个快乐的人身上都能发现人生规划。"

研究结果表明，朝着一个目标努力工作、不断挑战自我、累积工作经验，与所渴求的收获同等重要。向着目标不断追求给人以使命感，而追求本身也成了比我们自身更重要的事物，研究发现，这会增加我们对于人生的控制感，进而影响身体的健康。

当工作与个人追寻的目标有关时，它会激起你的自尊心，使你开始审视向着宏大目标前进的每一小步；它会让你积极向上，为你所钟爱的事业激发工作的动力，即使实现这一目标任务艰巨、充满危险和不确定性。对目标的追求让你的人生更有意义，处于任务状态能够向世人证明，因为我们的存在，世界变得更好。为了在世间留下存在的印记或是追求责任感，都会增加内心的愉悦感，使身体内充满有益于健康的激素，从而增强免疫系统，使心血管系统得到放松，减轻压力反应。

请谨记，当我谈到"工作"时，我指的是你每天大部分时间所从事的事情。对于有些人，这是一个有偿的职位；而对于其他人，尽管没有酬劳，但他们仍然从事教育孩子、照顾老人或义务劳动，这些工作与其他工作一样充满压力和艰辛，同样可能对身体产生负面作用。但与此同时，它们会为你的生活带来更大的意义和追求，从而对身体产生积极作用。

其关键在于，必须牢牢记住，我们对于每天工作的内心感受——我们放松、愉悦和满足感的程度——会对生理机能产生影响。很多人同意"感谢上帝，今天是星期五"的想法而讨厌周一，在工作日唉声叹气，为了不喜欢的工作埋头苦干，而在周末又玩得太过；或者辞去他们喜爱的工作，专心在家中带孩子，为放弃事业而感到愤怒，心里倍感压力。

然而，当你在工作中能够无拘无束地发挥创造力、尽情享受自主权和得到的尊重、有着清晰的目标及评价体系、得到同事的支持、保持正直的人生态度、知道自己的工作能够帮助他人、拥有使命感和目标、充分发挥自己的天赋、得到应得的报酬并有足够的时间进行工作外的其他活动时，你就不会感到工作的压力，并更有可能保持健康。

创造力与健康

也许你并不认为创造力是影响健康的主要因素。有谁曾经听说过将个人爱好作为疾病的治疗手段？但科学证据表明，创造力的表达能够激发放松反应，减小压力反应。

悲哀的是，保持创造力在当前社会并不是个好名声。从孩提时代起，我们就被灌输，科学、数学和商业比艺术、音乐和写作更有价值。似乎整个社会都忘记了，具有创造力不仅是为了享受乐趣，这同样有益于健康。请记住，当我谈到自主地进行创造力的表达，我并未对"创造力"一词做出严格的定义，也并未将其限定在艺术创造力的范畴。在某些情况下，表达创造力的形式可以是绘画、舞蹈、演奏乐器或作诗，但你同样可以通过剪贴画、花艺、摄影、园艺、内部装饰、博客、编织、呼啦圈、洗澡时的歌声或是其他头脑风暴得出的想法来表现创造力。你可以通过写出辞藻优美的电子邮件、为课外学习设置课程表、烹饪美食、设计音乐播放器中的播放列表、萨尔萨舞蹈或是在工作中开发新的产品来进行自我表达，你还可以建立工作室、设计珠宝或是做出完美的蛋糕。

不管你做什么，运用你富有创造力的肌肉对于健康和快乐的作用如同运用肱二头肌般重要。创造力和健康的联系已经建立，因此生活中任何能够发挥你创造力的事情都能够对你的身心有益。创造力的表达能够释放内啡肽和其他让人感觉良好的神经递质，从而减轻抑郁和焦虑，增进免疫功能，减轻身体痛苦，激活副交感神经系统，降低心率、血压、呼吸，降低皮质醇指标。

创造力的表达对于健康的益处包括改善睡眠质量、提升健康状况、少看医生、少用药物以及减少视力问题。创造力能够减轻痛苦，改善女性身患癌症后的生活质量；它能够增强正面的感受，减轻忧伤，帮助弄清存在的问题和精神层面的问题；它还能够降低阿尔茨海默病的患病率，减轻焦虑，改善情绪、社交状况和自尊心。

在释放创造力的过程中，潜意识能够帮助我们保持健康。进行富有创造力的自我表达能够锻炼右脑，这不仅能够影响身体，还能够影响情绪状态，使人更加快乐。快乐的人们往往更加健康，这已是一种广为人知的现象。

创造力对于健康的益处是令人难以置信的——那就是创造力的表达影响人们的方式！创造力还会影响人们的职业生涯、社会关系、性生活、精神状态以及心理健康。正如治疗专家马蒂·汉德（Marti Hand）所说的那样，进行创造力的自我表达能够通过增加激情、包容心、善意、和谐、成长、合作、尊重和康复来促进社会和平。即使那些没有直接关联的好处也可能是创造力的结果，比如增强生育能力。

鉴于创造力的生活能够成为生理放松的源泉，若你感到创造力受阻，它同样可能带来压力。我的母亲曾用数年的时间来写存在于她脑海中的一部小说，但由于忙于工作，她的小说一直难以问世。每一天，她都因可能整天无法写书而倍感压力。只有当时间能够保障时，创造力才会有益于健康，因此，别忘了用你自己的方式进行自我表达。

我们都有一首专属歌曲，因为只有我们自己才能唱起这首歌。正如诗人玛丽·奥利弗（Mary Oliver）所写的那样："告诉我，你计划对自己原生态的宝贵生活做些什么？"

应对工作压力的方法

如果你对工作或金钱抱有压力，不要绝望，你没必要为此辞职或寄希望于中彩票来对抗压力反应。但你必须对你自己敞开心扉，真正了解到这些事物是怎样影响你的健康状况的。

如果你想要远离疾病或自我康复，你需要足够勇敢来告诉自己事实和真相。如果你关心这些压力来源怎样影响你的身体，希望尚存。你可以通过积极的改变来放松身体、远离疾病。如果你不能改变自己的职业生涯，你仍有机会通过临床技术来激发生理上的放松，从而减轻压力反应对身体产生的一部分负面影响，进而改善健康状况。（这些促进健康的技巧将在第8章进行讨论）

为了追求健康，请你去掉为了取悦他人、显得更加"专业"、掩盖缺点以及保护自己不受伤害而戴上的面具吧。诚心诚意地做自己——不仅在工作中，还包括在家里、在学校、在教堂等——抚慰自己的心灵，停止压力反应，激发放松反应，实现身体康复。工作和生活中的真实自我才是身体的良药。

Chapter 7　　**快乐是预防生病的良药**

"快乐不是现成的东西，它是从你自己的行动中产生的。"

——佚名

很明显，快乐、心态好的人往往更健康。但医生是否曾让你变得乐观以作为如同戒烟那样的治疗手段来预防心脏病？你是否曾经为自己设定预防疾病的生活准则、改变生活方式以及参与社交活动来使自己更加快乐，进而使自己的寿命延长 7.5~10 年的时间？

在现代医学理念中，情绪健康和心理健康往往排在生理健康之后。我们几乎想把情绪健康和心理健康问题扔到精神病院，而将更多的注意力放在生理健康的预防手段上，如健康的饮食、锻炼、戒烟、体重管理等。但科学数据却将快乐和健康联系起来，这一令人震惊的事实说明：当你想要远离疾病时，那些能够使人快乐以及乐观的方法，应当成为被关注的焦点。

多项研究表明，快乐和健康是紧密联系着的。当然，我们都知道，那些心理状况不佳的人，如患有抑郁、焦虑、双相情感障碍等的人，更容易发生自杀、吸毒以及其他危及生命的情况，从而直接影响身体健康。但你也许会惊讶地认识到，你并不需要彻底地精神紊乱，就已达到《精神疾病诊断统计手册》第五版（DSM-V）所规定的焦虑及抑郁的标准，从而使身体状况受到情绪的影响。仅仅是感到焦虑、悲伤、生气、无助、沮丧或是绝望就会激发压力反应，谁不会在某些时候产生这样的情绪呢？

对美国成年人的调查结果显示，超过一半①的人认为自己是"中等程度的精神健康"而并非全盛状态。抑郁每年影响着超过 2 100 万的美国人，这已成为造成 15~44 岁年龄段的美国人伤残的头号杀手，也是造成美国每年超过 30 000 例自杀的主要原因。21% 的美国人在生活中经历着抑郁，28% 的美国人

---

① 原注：54%。

经历着焦虑，20%的美国人需要服用精神类药物，主要为抗抑郁药。

显然，很多人感到心理不健康，但到底什么是快乐，而它又对身体做了什么呢？幸福问题研究专家将快乐定义为"对于生活报以总体上的感激"。其实质在于，这是对你所过的生活有多么热爱以及每天醒来感到多大的热情进行评价的一种方法。

统计结果表明，不快乐的人更易生病。以抑郁为例，它会增加癌症的患病率，是心脏疾病的主要原因，还与多种疼痛紊乱有关。焦虑被证明会增大患癌症的概率，增加颈动脉粥样硬化的风险，而这往往是中风的先兆。

快乐甚至会影响对生活的期望值。"主观幸福"的人比其他人的寿命平均超出10年之久。快乐还会影响健康的其他方面，包括干细胞移植的成功率、血糖控制、艾滋病患者的病情发展程度、中风、心脏手术以及髋骨折的恢复情况。

研究表明，积极的心态，如快乐、正能量、对生活的满意度、希望、乐观以及幽默感等，无论对健康人群还是病人，都能够降低死亡率，延长寿命。事实上，快乐以及相关的心理状态能够减弱心脏病、肺病、糖尿病、高血压和伤寒感冒的患病率以及病情严重程度。根据在荷兰进行的一项对于老年患者的研究，在9年的时间内，积极的精神状态使成年人的死亡率降低了50%。

格兰特研究

随着一项名为格兰特研究（The Grant Study）的开展，这项具有里程碑意义的研究使快乐和健康的关系变得显而易见。格兰特研究是对积极向上、天赋异禀的哈佛大学大二学生进行的跟踪调查（这3个班的学生被认为身体和心理健康均处于最佳状态，并被视为未来的希望），通过观察他们怎样安排自己的生活、关注他们的健康状况、情绪、社会关系和成绩，进而预测为什么有些人会过着快乐、健康、成功的生活，而另一些人则并非如此。

为了对格兰特研究选择合适的调查对象，阿莉·波克（Arlie Bock）团队从医学记录、学术记录以及专家的个人推荐中仔细筛选，在1942、1943和1944年入学的268名哈佛学生接受了心理学家、社会工作者、生理学者、医生和波克所安排的系统评估。

医生对这些学生进行了全面的医学检查，从各器官的功能到阴囊的长度再到脑电图测到的大脑活跃程度；社会工作者记录他们的尿床习惯、怎样接受性教育以及家庭动态；心理学家对他们进行了罗夏墨迹测验、笔迹分析和多项心理学的评估。所有的结果都显示"正常"甚至"有天赋"。

这些学生从哈佛毕业后，波克以及其他研究人员继续对他们接下来的生活状况进行跟踪调查。这些人接受了大量的身体检查、阶段性的访谈以及调查问卷，从而为回答"怎样才能使人过得健康、快乐和成功"的问题提供了丰富的资料库。

由于这些学生在毕业后参加了战争，很多人忍受着随之而来的战场后遗症。尽管他们面临着挑战，但多数人还是非常成功。他们中有4个人成了美国参议院议员，一位成了畅销小说家，一位成了《华盛顿邮报》的编辑，一位成了内阁成员，还有一位成了总统。[1]

但随着时间的推移，慢慢出现了一种倾向。截止1948年，这些人中有20位表现出了严重的精神疾病。当他们50岁时，1/3的人出现了心理问题。事实表明，在这些优秀大二学生的光辉外表下，某些无法预料的因素潜藏在其内心。

在《亚特兰大》（*Atlantic*）杂志发表的一篇文章中，波克说道："当我们选出他们的时候，他们还都很正常，一定是精神病专家把事情搞糟了。"

这些人表现出的抑郁与身体健康状况密切相关。那些在50岁诊断出抑郁的人们，超过70%在63岁之前去世或罹患慢性病；而那些对生活非常满意的

---

[1] 原注：后来发现，格兰特研究的一名参与者正是约翰·肯尼迪（John F. Kennedy）。

人，他们的患重病率及死亡率仅为其他人的1/10。上述发现已经去除了如酗酒、抽烟、肥胖以及家庭病史等因素的影响。

乐观主义者会比悲观主义者更健康吗

多年以后，《活出最乐观的自己》（*Learned Optimism*）一书的作者马丁·塞利格曼（Martin Seligman）开始研究是否乐观主义者比悲观主义者寿命更长，此前他的主要研究内容为乐观主义及其对生活和健康的作用。经过多年时间，他研究了人们的解释风格，即如何解释生活中的好事和坏事。就如同表现出的那样，乐观主义者和悲观主义者对待生活中持续的、遍布的好事和坏事的区别都一直存在。

悲观主义者认为坏事是生活的常态[1]、是无处不在的[2]、个人的[3]以及持续的。当你认为那些在每个人身上都会发生的坏事是持续的、无处不在的和个人的，你就会常常不快乐，并最终生病。悲观主义者同样认为，坏事是他们自身失误的结果；而在另一方面，他们认为好事只是暂时的特例，且不受他们控制。与之相反，乐观主义者则全然不同。他们认为坏事才是暂时的特例，且是由外部环境造成的，而好事才是持续不断的、无处不在的，是由于他们个人的努力而达成的结果。

塞利格曼及其同事查阅了格兰特研究的数据，来探寻解释风格和患病率之间是否存在联系。首先，他们必须确定，是否在整个时间段内乐观主义者跟悲观主义者都是固定的。他到底是"有时乐观主义，还是一直乐观主义？"

他们发现，尽管乐观主义会随时间改变，但在整个生命过程中，他们对坏事的解释风格相对固定。与此同时，这并不意味着你不能改变。本章最后将详

---

[1] 原注："事情总是这么糟糕。"
[2] 原注："这将毁掉每一件事。"
[3] 原注："都是我的错。"

细论述怎样变得更加乐观以尽情享受乐观对健康带来的益处。

当他们认识到对坏事的解释风格在一段时间内相对固定时，塞利格曼及其同事克里斯·皮特森（Chris Peterson）便对格兰特研究的数据进行了追踪。他们发现，当年龄达到45岁时，格兰特研究中的悲观主义者已经不如乐观主义者健康。悲观主义者从更年轻的时候就开始生病，且病情也更为严重。到60岁时，悲观主义者病得更加严重。

乐观主义者在接受冠状动脉旁路手术后康复得更快、免疫功能更强、活得更久，在面对癌症、心脏疾病以及肾功能衰竭时，他们的情况更好。在一段时间内，想法积极人群的死亡率仅为想法消极人群的45%。① 积极的态度还会影响人的抗感染能力。在一项研究中，健康的志愿者被问及他们的人生态度，然后使其着凉并接受流感病毒感染，那些乐观开朗的志愿者比其他人的康复能力更强。

其他研究对乐观主义和悲观主义进行了对比。研究乐观主义的哈佛大学心理学家劳拉·库布赞斯基（Laura Kubzansky）对1 300位男性进行了10年的跟踪研究，发现乐观主义者的心脏病患病率仅为悲观主义者的一半。二者的差异是如此巨大，几乎与抽烟与否造成的差异相当。

悲观主义者更容易受到抑郁的影响、更容易在事业上遇到阻碍、快乐的体验更少、在人际交往中更容易面临挑战且更容易生病。研究表明，乐观主义者比悲观主义者感染的病菌更少，他们有着更强的免疫功能、更低的血压、寿命更长，且不容易得心血管疾病。在一项研究中，悲观主义者的患病率和看医生的次数均为乐观主义者的两倍。

积极的人生态度已被证实能够保护心脏。对于"情绪活力"指标更高的患者，其冠心病的患病率比低指标患者要低19%。甚至，那些自信、自我认知更积极的人在面对压力时，更不易产生心血管反应，恢复得更快，且皮质醇

---

① 原注：心脏病死亡率为后者的77%。

的基础指标更低。

希望能够治愈身体

当我还是一名医学学生时,我照顾过一个名叫乔(Joe)的小男孩,他已经到癌症晚期了。乔从未见过他的父亲,当他处于化疗中期时,他向父亲写了一封请求信,向父亲告知了他的病情,请求他父亲能够飞到佛罗里达州相聚。他的母亲知道他父亲的地址并答应送出这封信,令乔快乐的是,他的父亲回信答应来医院看他,完成他们人生中的第一次会面。

在他苦苦等待父亲的到来时,他的治疗情况不甚理想。但乔是个乐观主义者,他相信自己能够康复,认为自己还有很多时间来了解他的父亲,因为自他记事以来父亲就非常令他着迷。

某一天,乔的器官功能开始衰竭,剩下的时间不多了。他的母亲给他的父亲打电话催他速来,当天晚上,乔得知他的父亲已经买好了飞机票,本周内即可到达。第二天,乔的情况明显好转,他能够起床、散步,并兴奋地告诉护士父亲即将到来。

这个家庭即将团聚,乔用了整整1周的时间来为父亲画画、写故事、在录音机上练歌。在为父亲的到来精心准备的过程中,我们都为乔表现出的斗志赞叹不已。

在周五的晚上,乔完全不能入睡。由于他不能过度劳累,主治医生最后为他开了安眠药。在周六早上,乔恳求我们让他出院去机场,这样当他父亲走下飞机的那一刻就能看到他。但因为他需要静脉输液,所以医生没有同意他的请求。乔只能来到医院前的平台,坐在轮椅上输液,和他的母亲等待着将他父亲带到医院来的出租车。

他父亲的航班将在下午2点抵达,机场并不远,他应当能在3点半之前来到医院。但到了3点半,他还没有出现。乔继续等待,一直在等待,但父亲从未出现。乔的母亲给他打电话，但没有人接；乔给他留言，但并没有人回电。

那天是我在工作，我一直留意乔，他始终坚持认为父亲的航班被延误了或是发生了交通拥堵。但他的母亲核对了航班之后发现飞机按时抵达。他的母亲想要向他解释，他的父亲不是非常成熟，还不知道怎样成为一位父亲，但乔就是不听，他坚信父亲会来，没有什么能够动摇他的信念。

那天晚上我一直待命，既担心着乔，又不得不四处忙碌，照顾儿科病房的新病人。最后，在下午11点，原定父亲到来时间的8小时后，乔的母亲终于让他回到了病房。当我看到他的轮椅在大厅中缓缓前进时，我蹲下来给了他一个拥抱。乔开始放声大哭，告诉我父亲一直鼓舞着他。在场的所有人——我、护士和他的母亲——看到乔小小的身体随着啜泣开始颤抖时，我们的眼眶都湿润了。

到了午夜，乔终于睡着了。

大约5个小时后，当时我还在急救室为一个被诊断为脑膜炎的婴儿撰写病历和检查报告，头顶上的扩音器大声地播报"医生心跳99"，那是危险信号的代称。有人即将去世，作为值班医学生，我需要到场。当我问接线员是哪个病房时，她给了我房间号。

当我意识到那是乔时，我的心脏几乎停止了跳动。

尽管在当晚之前他的情况一直较为平稳，但乔还是停止了呼吸，而急救措施并没能起作用。乔的父亲从未出现，即使是乔的母亲邀请他参加乔的葬礼时仍是如此。

你也许会说，希望让乔继续活下去——乐观的作用是多么有力。悲伤的结局为这个希望的故事蒙上了阴影，但玛利亚（Maria）关于希望的故事有着快乐的结局。当她被诊断出白血病时年仅8岁，医生建议先采用大剂量的化学疗法，再进行骨髓移植，但问题是骨髓库里找不到匹配的样品，因此玛利亚的父母有了一个疯狂的想法，再生一个孩子，希望这个孩子能够与玛利亚配型成功。

玛利亚的母亲怀孕以后，医生开始对玛利亚进行小剂量的化疗，他们认为这样能够对病情进行有效控制，其目标是使玛利亚活到婴儿出生，对新生儿的脐带血进行检测，确定其能否用于骨髓移植。

常常希望能有一个弟弟或妹妹的玛利亚得知母亲怀孕的消息后非常快乐。尽管化疗伤害着她的身体，她的精神却十分振奋，她告诉护士，癌症正在离她而去，使得她能够当一个好姐姐。为了不影响她的乐观想法、使希望破灭，护士不断点头，尽管检查结果表明，癌症并未完全康复。

玛利亚对化疗的抗性很好，几个月后，令医生惊讶的是，她体内的血球数量以超出预期的速度增长。

在小宝宝出生时，玛利亚就在产房里，身着防护服以保护她脆弱的身体不受感染。当她将小宝宝放在臂弯轻轻摇晃时，在场的所有人都被感动了。

但遗憾的是，收集的脐带血检测结果表明，它不能与玛利亚成功配型。她的父母崩溃了，但玛利亚告诉他们不要担心，癌症已经康复了，她不需要再进行骨髓移植。她的主治专家不断摇头，他们说那是不可能的，她所接受的化疗剂量不足以使她痊愈。

但结果证明，玛利亚是对的。在下一次检查中，没有发现癌细胞的存在。尽管有人争辩说是小剂量的化疗使她康复，但我相信是希望和乐观挽救了她的生命。

习得性无助与生病

当你在医院工作时，你总是能够听到那些关于乐观产生的病愈奇迹和悲观导致的病情反复等令人感兴趣的故事。马丁·塞利格曼声称，悲观主义者和乐观主义的区别在于他所谓的"习得性无助"。当事物没有按照我们的意愿发展时，所有人——无论乐观主义者还是悲观主义者——都会感到暂时性的无助。当你和男朋友分手、老板揪着你的失误不放、你的夫人去世、孩子被绑架或是被诊断出了癌症，你就会被现实给予重重一击，很可能产生如悲伤、愤怒和害怕等负面情绪。

然而，当坏事发生时，乐观主义者和悲观主义者的区别在于，乐观主义者能够迅速平复心情。他们的内心深知，即使目前深陷于其中，他们仍将顺利渡过难关。乐观主义者也会感到士气低落甚至是暂时的抑郁，但他们能让自己迅速跳出这种氛围，调整心态，重新投入到快乐生活中去。

而在另一方面，悲观主义者则在相当长的时间内都感到无助，进而使情绪低落直至达到临床上的抑郁。研究结果表明，当悲观主义者失败时——例如在社会关系、职场或者个人目标的实现方面——他们会感到绝望，因为好像不好的经历将会一直存在一样，并会搞砸所有的事情，从而导致失败的人生。随着时间的推移，他们产生的绝望情绪让他们的感受一直处于情绪的垃圾场。我们早就得知，消极想法和压力会影响健康，研究人员怀疑，消极信念会通过激发压力反应、抑制自我修复机制以及使人易受病菌感染来影响身体状况。

免疫反应与绝望

在研究为什么绝望会使人容易生病的过程中，塞利格曼的同事马德隆·维森特纳（Madelon Visintainer）对3组大鼠进行了对比实验。对第一组大鼠进行中等程度、可逃脱的电击——它们可以通过学习来避免电击；对第二组大鼠进行中等程度、不可逃脱的电击，这会使它们产生无助情绪；而第三组大鼠并未接受电击处理。

在对那些可怜的大鼠进行电击之前，维森特纳在每只大鼠的侧腹部植入了癌细胞。一旦大鼠的免疫系统不能对其进行有效防御，癌细胞就会杀死大鼠。维森特纳小心地控制所植入的癌细胞数量，这是因为她希望，在正常条件下能有一半的大鼠成功抵御肿瘤的攻击并生存下来，而另一半大鼠则死于癌细胞的扩散。

所有外部环境都被进行了有效的控制——大鼠的饮食、居住环境以及肿瘤的选择，三组大鼠唯一的区别在于不同的心理状况。第一组大鼠迅速学会了游戏规则，最终免于电击；而第二组大鼠则变得绝望；第三组大鼠专注于自己的事情，既不想要弄清什么事情，也未因电击而受到心灵创伤。

就如预期的那样，在1个月之内，第三组大鼠有一半已经死亡，而另一半则赢得了与肿瘤的斗争。但奇怪的是，第一组大鼠中有70%成功抵抗了肿瘤的攻击，与第三组大鼠相比表现出了明显的优势。而第二组大鼠中仅有27%生还。通过这些大鼠的实验，我们可以得出结论，我们的控制力、自救能力以及通过以往经验获得的希望，特别是曾经受过的创伤，能够使我们生病或保持健康。

根据这一数据，研究人员总结道，大鼠因无法逃脱电击而养成的绝望抑制了它们的免疫系统，使其无法有效抵御肿瘤的攻击。对这些绝望的大鼠的进一步研究发现无法逃脱的电击确实使它们的免疫功能减弱，它们的胸腺衍生细胞（thymus－derived cell，T－cell）不再分裂，也不再对入侵细胞进行攻击。这些对于对抗癌症和病菌入侵极为重要的细胞却丧失了它们天然的杀伤力。这些研究结果验证了以往研究人员的怀疑：心理状态确实能够直接影响某些疾病的恢复情况，至少对于那些与免疫系统相关的病症而言（如癌症），正是如此。

这也许能够解释为什么乐观主义者比悲观主义者更健康。由于他们在面对坏事时采用更为健康的对待方式，乐观主义者能够更好地适应生活的打击，使自己对无助和绝望具有免疫力；而悲观主义者则感到生活中的打击无法避免，就像那些冷淡、无助的大鼠，他们开始抑郁、免疫功能受损。在一生的时间内，这种习得性无助的经历几乎无助于增强免疫系统，减少压力反应、不良健康状况以及患病率。

控制是治疗无助的解药

如果大鼠能够通过对周遭情况进行更多控制来对抗癌症，是否证明人类也能采用相同的方式呢？由于想了解习得性无助是否能够通过对情绪的控制、选择和个人责任感来进行对抗，研究人员对疗养院的居民按楼层进行了研究，并设计了实验来评估在对积极变化进行响应时这些居民的身体状况。

他们将疗养院的居民分为两组——第一层和第二层。所有的居民都能够享受疗养院所提供的所有福利——煎蛋卷和炒蛋、周三或周四晚上的电影之夜以及按照个人意愿装饰的绿植。但为了充分发挥其优势，第一层的居民享有额外的选择和责任：他们必须选择鸡蛋的种类、在周三和周四间选一天看电影以及为绿植浇水。第二层的居民拥有同样的机会，但他们不必进行选择，也没有责任在身。游戏规则已经设定，他们没有改变的权利：周一、周三和周五是煎蛋卷，周二和周四是炒蛋；他们不能选择，只能在固定时间观看电影；当然，他们也不用修剪绿植或为其浇水。

1年半以后，研究人员发现，第一层的居民更主动、也更快乐，在此期间的死亡率更低。由此可见，选择、个人责任感以及个人能力的展现对健康有益，很可能是因为这样会让你更快乐，从而使身体更好地进行自我修复。

快乐使人长寿

我们知道，不快乐的人往往吃不下东西，不能坚持锻炼，而且睡眠质量不佳。但不快乐对于健康的影响并不只能单单用"不快乐的人忽略了自我照料"来解释。在1986年，大卫·斯诺登（David Snowdon）开始了一项如同格兰特研究那样的纵向研究，但这一次，其研究对象不再是哈佛大学的大二学生，而是罗马的天主教修女。

应该说，研究怎样让人更长寿并不是件快乐的事，且常常带有偏见。例如，我们都知道犹他州的人比内华达州的人寿命更长，但为什么会这样？是因为摩门清教徒式的生活方式比拉斯维加斯和里诺两地暴饮暴食、赌博和抽烟的文化更健康吗？是因为犹他州的人们饮食更健康？空气质量更好？还是因为犹他州的居民压力更小？

因为这些变量在进行寿命研究时难以分析，因此对那些很多变量都能够进行控制的人进行研究无疑更有帮助。这就是为什么选择修女作为研究对象的原因。

这些修女对健康习惯进行了良好的控制，她们只吃粗粮、不抽烟喝酒、不结婚、不生小孩、没有性病、社交和经济状况相近且有相同的医疗条件，这使得出影响寿命的决定因素变得容易许多。你也许会认为她们都有着相似的生活期望值。但是，尽管已经对众多变量进行了控制，这些修女的寿命和健康状况仍有较大差别。

为什么会有这种差异？一旦完成身份的转变，新加入的修女就被要求将之前的人生经历都写出来①。在这项研究开始时，很多修女已是老年人，多年前她们写的自传被用来评估她们年轻时代的幸福程度。自此之后，这些修女的生活一直被跟踪调查。

有一位嬷嬷名叫塞西莉亚·欧佩恩（Cecilia O'Payne），她于1932年在圣母玛利亚女子学院（School Sister of Notre Dame）成为一名修女。在她的自传中，她写道："上帝让我的生命顺利开始，并赐予我无上荣光……我在圣母玛利亚学院的学习经历非常开心，现在我迫不及待地想要接受圣母圣光的洗礼，一生以神灵为伴。"

与之相反，另一位同样宣誓过的修女玛格丽特·唐纳利（Marguerite Donnelly）写道："我出生于1909年9月26日，是家中7个孩子中的老大，家里有5个女孩和两个男孩……我在女修道院中学习，在圣母玛利亚研究所教化学和二年级的拉丁语。为了上帝的荣光，我会为我们的秩序、教义的传播和个人的修行竭尽全力。"

你能否看出二者的差异？塞西莉亚使用了情绪高涨的词语，如"非常快

---

① 原注：写自传的平均年龄为22岁。

乐"和"迫切希望",而玛格丽特并未表现出同样的兴奋。

这些年轻的修女后来变成什么样了呢?正如马丁·塞利格曼在《真实的幸福》(*Authentic Happiness*)一书中所写的那样,尽管已经98岁了,塞西莉亚·欧佩恩仍健康地活着,甚至都没有生病过;而玛格丽特·唐纳利则在59岁时因中风而去世。

当研究人员对修女的人生进行调查时,发现那些快乐的修女有90%都活过了84岁高龄,而对于其他修女,这一数据仅为34%。事实上,有54%的快乐的修女寿命超过了94岁,而不快乐的修女只有11%有此高寿。总体来说,快乐的修女平均寿命比其他人长7.5年。其他研究表明,快乐的人比不快乐的人平均寿命要长10年。很明显,快乐是预防生病的良药。在本章结尾,我们将讨论怎样增加幸福感以帮助身体保持健康。

情绪的生理学机制

当情绪不高时,身体会发生什么?情感的创伤最初在心里产生,但最后还是通过身体得以表现。你并非只是在心里感到不开心,你也会有身体反应。心灵创伤会通过压力反应逐级传递到身体上来。当有些事情伤害了你,身体就会发出警报,压力反应随之被激发,即使当前并没有受到肉体上的威胁——仅仅只是产生了愤怒、失望、沮丧、悲观、心痛、悲伤以及其他失落的情绪。在下一节,我们将对焦虑和抑郁是怎样消极地影响健康以及快乐怎样进行治愈身体进行讨论。

焦虑

杏仁核是一个位于大脑边缘系统的杏仁状的组织,其深处于大脑中叶,是对情绪进行处理和记忆的中枢。事实上,杏仁核甚至在意识脑之前就感受到情绪。重复的压力反应刺激会使杏仁核对明显的威胁产生更多反应,从而产生压力反应,反过来又进一步刺激杏仁核,这样不断发展,形成一个恶性循环。杏仁核能通过潜藏在意识深处的过往经历帮助我们形成"绝对记忆"。由于杏仁核越来越敏感,它会不断加深对恐惧的印象,从而使大脑在没有任何外界环境影响时也开始产生焦虑。

与此同时,对产生"绝对记忆"至关重要的海马区——对发生的事情进行明确的意识记录——由于身体的压力反应而产生疲劳。皮质醇和其他肾上腺皮质激素会使大脑中的神经突触变弱,并抑制新的神经突触生成。当海马区功能减弱时,便很难形成新的神经元以及产生新的记忆。由于海马区功能弱化,无法形成新的记忆,过去那些痛苦和可怕的经历便通过过度敏感的杏仁核在绝对记忆中被固化。

当这一切发生时,尽管你对于到底发生了什么没有明确的记忆,但会产生清晰的坏情绪——有坏事发生了。这解释了为什么有些经历了心灵创伤的人会在潜意识里受到环境刺激,意识却对此毫无头绪。尽管不知道发生了什么,你还是会感到不安和焦虑。

抑郁

抑郁同样会产生重复的压力反应,压力反应进而导致抑郁的情绪,如此往复形成一个循环。压力反应会导致皮质醇指标上升,让人提高警惕、充满力量的去甲肾上腺素逐渐被消耗,从而让人变得冷淡且注意力不集中。皮质醇同样会减少多巴胺的生成,而多巴胺能使人产生愉悦感。

压力反应也会使5-羟色胺减少,而5-羟色胺是产生积极情绪最重要的神经递质。当5-羟色胺指标下降时,去甲肾上腺素指标会进一步下降,从而使人的情绪更为消极。

除了激发压力反应,负面情绪还会增加原炎症细胞活素的生成,导致身体发炎,而这又与癌症、阿尔茨海默病、关节炎、骨质疏松以及心血管疾病密切相关。更重要的是,消极情绪还会使伤口愈合变慢、抗感染能力下降。

当消极、绝望、无助、焦虑和抑郁等负面情绪出现时，会产生压力反应，使人肠胃不适、易受感染，罹患癌症、心脏病、内分泌失调等疾病的概率增加。快乐的人具有更强的免疫系统，事实表明，快乐的人在接种流感疫苗时产生的抗体比其他人多50%，因此能够产生更强的免疫反应。

另一方面，当你不快乐时，免疫系统会变弱。一项针对丧偶人员的研究表明，在悲痛时，胸腺衍生细胞的分裂速度会变慢。对于女性艾滋病患者，乐观主义者和悲观主义者的免疫功能存在明显区别。

快乐

科学家已经对人们不快乐时的情绪状态的神经学机制进行了深入研究；但对快乐的理解，我们的认识尚存在欠缺。然而，多亏了先进的磁共振成像技术和脑电图测试，对快乐的研究变得相对容易了。通过对处于快乐状态的被试进行检测，研究人员发现，快乐出现的位置处于大脑前额叶皮层的左侧。

但是是什么刺激了大脑的这一区域？我们怎样才能进一步刺激大脑前额叶皮层的左侧？很可能，其结果与神经递质，如多巴胺、后叶催产素、内啡肽、一氧化氮以及5-羟色胺有关。

研究人员将快乐分为两种愉快感受——对某些积极事情的预料以及亲身体会到积极事物时的切实感受。例如，你也许会因即将到来的巴厘岛海滩度假、计划怎样支配年终奖金或是看到心爱之物而感到快乐。但你也会因在海中晒着太阳、穿着你用年终奖金新买的外套以及亲吻爱人的嘴唇而感到快乐，此时你的身体便开始愉快地复苏。

当你因为参与某事而感到快乐，大脑就会点亮脑部的愉悦中心——伏隔核区域。该部位的激活与神经递质多巴胺有关，多巴胺会促成积极情绪从前额叶左侧向伏隔核传递。多巴胺接受区域更敏感的人往往情绪状况更好。

当你向着目标前进并最终实现目标时，多巴胺是你感受到喜悦的最主要的神经递质，而其他类型的神经递质与其他类型的快乐有关，如爱意或生理上的愉悦感受。例如，"拥抱激素"后叶催产素就与拥抱有关，当你爱上某人或拥抱你的孩子时，就会分泌后叶催产素，这也许能够解释快乐是怎样影响健康的。后叶催产素在下丘脑合成，由脑垂体分泌，能够通过抑制炎症细胞因子来减少炎症。它还能间接地抑制促肾上腺皮质激素，以免下丘脑－垂体－肾上腺轴在压力反应中被激活。快乐的人皮质醇指标更低，这很可能是因为他们感受到的压力、恐惧和愤怒等其他激发压力反应的负面情绪较少。

后叶催产素会激活 5－羟色胺受体，提升情绪状态，抑制会产生压力反应的杏仁核的活动。后叶催产素还会促进内啡肽的释放，这是一种天然吗啡，能够减轻痛苦，产生与"跑步者的愉悦感"类似的快感。内啡肽是在锻炼、爱、激动以及受到多巴胺刺激时由脑垂体分泌的、能够刺激伏隔核区域，进而产生愉悦感的一种激素。愉悦的感受还会促使一氧化氮的生成，它能够有效刺激血管扩张，增大血液流量，保护特定器官不受缺血性伤害。

更可能的情况是，快乐也会影响免疫系统，正如植入癌细胞的大鼠在电击下的反应。习得性无助不仅使大鼠的免疫系统越来越被动，悲观主义者同样如此，他们更易受病菌感染，更容易患上癌症以及其他免疫系统疾病。乐观主义者往往更加快乐，不会轻易绝望，从而使免疫系统富有活力。压力反应越少，免疫系统功能越强，这也许能够解释快乐的人和悲伤的人的寿命差异。

快乐能否治愈疾病

大量证据表明，快乐是预防疾病的良药，能够延长寿命，但快乐是否能够疗愈疾病，现有数据说法不一。有些研究表明，快乐的人能够加快病愈的过程。比如，一项研究对国家癌症研究所（National Cancer Institute）的 34 位乳腺癌二期的女患者进行了大量的生理和心理检测，包括是否乐观等内容。由于乳腺癌二期的存活率不高，大约 1 年后，很多参加实验的患者相继去世。那谁活得最长呢？——最快乐的那一位。

但与此同时，有些研究认为，振奋的态度和斗争精神能够帮助病人提高生还概率、积极的心态能够预防疾病，但患病后仅凭此却不足以使其痊愈。事实上，有些人声称，用快乐来对抗顽疾的想法是极其可笑的，这只会让病人感到自己被责怪。

那么，为什么快乐能够预防疾病却不能治愈疾病呢？

很难下定论，但很可能的情况是，快乐的好处主要体现在生理上产生的累计效应，而并非只是依靠快乐或乐观的情绪来治愈疾病。例如，很明显，感到快乐能够减少生活压力，降低心血管疾病的患病率。但一旦冠状动脉已经被堵塞并伴随着粥样硬化，也许仅仅靠积极的心态尚不足以将其治愈。

已有数据存在差异性结果的另一个解释是，产生疾病的机理是多种多样的，人体的自我修复机制同样如此。例如，快乐已被证实能够改善免疫系统功能，而习得性无助会使免疫系统弱化。但对于非免疫系统疾病，情绪的影响程度可能就不明显。尽管一个人的心理状态、情绪以及人生态度能够改善生活质量，但快乐可能只对特定疾病有所帮助。然而，鉴于现有数据说法各一，快乐也是有其他方面的好处的，让自己感觉更快乐也不会有任何损失嘛！

悲观主义的治疗方法

如果你是个悲观主义者，且很不快乐，请不要绝望。根据快乐研究人员的研究成果，像乐观和快乐这些事情都是可以培养的，你还是能够享受到其对身心带来的益处。在《活出最乐观的自己》一书中，马丁·塞利格曼提出了一种被称为"ABC"方法的锻炼——所谓"ABC"，就是"逆境""观念"和"结果"的缩写。当我们身处逆境时，我们对此进行思索，迅速将想法转换为观念，如果不是太刻意，这一过程会变成习惯。这些观念会影响我们的想法和所采取的行动。学会如何将逆境转换为观念以及怎样对此采取行动，就能将负面想法转变为积极的想法。

例如，某些人突然插队到你所看好的停车位（逆境），你会心烦，并认为"这个司机抢了我的位置，这非常无礼，而且很自私"（观念）。然后你会生气，摇下车窗，冲着那个司机吼叫（后果）。

如果你的好朋友没有回电话（逆境），你会这样认为，"我总是这么自私和考虑不周，肯定是这样"（观念），于是你就郁闷了一整天（后果）。

塞利格曼建议进行一段时间的"ABC"方法练习，来评判你是怎样应对逆境的。为了实现这一目标，你必须与自我对话，弄清面对逆境时自己真正的态度和观念。① 然后对结果进行记录——你的感受或者对此的反应。在对逆境中所持有的观念进行深入挖掘后，悲观主义者会注意到这些想法是怎样产生的，进而产生负面的情绪状态或习惯；而乐观主义者则认为他们的观念能够帮助自己迅速渡过难关。

想想看吧，如果你本来就倾向于悲观主义，你其实能够逐渐改变面对逆境的想法，通过改变观念，从而改变后果，最后改善健康状况。一旦你对下意识的悲观想法有所察觉，塞利格曼建议使用两种应对方法：分散自己的注意力、想想其他的事情或是与之辩论。

为了分散悲观想法，不妨尝试研究人员所谓的"停止思考技巧"，即停止惯常的思维模式，如用手掌猛击墙壁，并叫道"停!"你也可以大声响铃，随身携带用红字写着"停"字的小卡片，或者戴上橡胶腕带，用力抓住它以打断沉思。把这些转移注意力的方法结合起来，就能够产生较为持久的效果。当你喊道"停"或是抓住腕带时，你能比较容易地将注意力集中到其他事情上。

如果那还不能打断思考，那么就安排时间，在当天的晚些时候对你的悲观想法进行深入思考。告诉自己："停，我想要等会儿再想这些。"或是将你的想法写下来。这样能够打断反刍周期，减弱负面想法的强度。

更为有效的方法是与之争执。为了实现这一目的，你必须学会怎样与自己进行辩论。回顾你的悲观想法，深入自己聪慧、有爱和富有激情的内心，并举

---

① 原注：请记住，观念是你自己的想法，而非感受。感受事实上是想法导致的后果。

例证明自己的想法是错误的。例如，如果好朋友没有回你的电话，你的第一个想法是："她讨厌我，因为我是个不合格的朋友。"对此，你需要进行争辩，解释说她也许很忙，她可能没有收到你的信息，她想打给你却被什么事情绊住了，她真的喜欢你，你是一个不错的朋友。换言之，这一问题不是持久的、无处不在的或私人的，而是暂时的、特殊的、与外界环境相关的。按照这样的乐观想法，你能够选择新的结果，摒除因悲观想法而产生的不良情绪。

与悲观想法进行辩论的关键包括找到悲观想法错误的证据[1]，从其他角度对坏事进行考虑而不是报以想象中的悲观想法，以及弄清悲观想法的代价。如果悲观想法是正确的，考虑这一想法的含义。让我们回到好朋友未回电的例子，在以其他解释思考她为什么没回电之后，想想为什么你的想法会直接奔着消极假设而去。也许你感到自己像一个被忽略的受害者；也许坚持自己对于她未回电报以正义的愤怒，你会感到自己有优越感。

如果她不回电的真正原因是她讨厌你，那说明你是个不合格的朋友，你能从这种想法中学到什么呢？你怎样才能由此学会怎样成为一个更好的朋友？最终你会认识到，如果友情不是注定要持续下去，你很可能会从这段关系中了解到关于你自己的某些事，而且为其他人提供了获得"永远是你好朋友"（Best Friend Forever，BFF）这一头衔的好机会。

换句话说，试着让自己摆脱消极观念。如果做不到这样，那么就考虑最坏的情况，即使那是对的，那也并不意味着世界末日。

塞利格曼还建议我们远离悲观主义，认识到它们只是观念而不是事实——将你的自我对话与精力充沛的想法结合起来，从而让你保持振奋而不是消沉。

作为一名悲观主义者，你做好了与自我争辩从而更加健康的准备了吗？如果你这样做了，你的身体将感谢你自己。

---

[1] 原注：如果确实如此。

治疗不快乐的方法

想要变得更高兴、更健康,仅仅在面对逆境时由悲观想法变为乐观想法还远远不够。但我有个好消息,根据索尼娅·柳博米尔斯基的研究成果,40%的快乐很容易进行有效控制。

是的,50%的快乐由基因决定。快乐与前额叶左侧区域有关,而有些大脑这个部位天生就更为活跃。对双胞胎的研究结果表明,人的性格与基因有关。有些人天生就更开朗,而有些人则更忧郁。尽管我们不能改变由基因决定的那部分快乐密码,但我们能够通过改变使得自己整体上更加快乐,而且快乐的奥秘也许并不如你所想象的那样。

尽管你可能认为改变生活环境能让你更快乐——直到你遇到"这样的环境":拥有完美的工作、饮食状况良好、工作顺利、有了孩子、有了你所想要的一切——但研究表明生活环境仅能影响10%的快乐。不管我们是否健康、有钱、英俊、已婚或是面对人生的转变或创伤,这些都会影响我们——但影响程度远小于你所想象的那样。

为什么生活环境不能对快乐产生更多的影响?这是由于一种心理学家称为"享乐适应"的强大的力量。当你最终拥有了你想要的某些事物——你所喜爱的目标、更多钱、更高的地位、更漂亮或更多财产——这只会让你高兴一小会儿。但你会迅速恢复到你的设定状态。当好事发生时,我们会兴奋激动,但这种情绪不能持久。例如,新婚夫妇通常在结婚两年内感到更快乐,然后就会回到之前的快乐状态。

但的确是有好消息!那就是,40%的快乐与基因或享乐适应无关。科学研究表明,影响这40%的快乐状况非常容易,比如每晚写一篇心怀感激的日记。

就如同在《真实的幸福》一书中描述的那样,马丁·塞利格曼进行了一项研究,并教给那些严重抑郁者一个产生快乐的简单方法。尽管这些人的抑郁程度严重到无法上床，但他们被建议每天完成一项简单任务：上网写下他们看到的 3 件好事。在 15 天之后，他们的抑郁程度从"严重抑郁"变成了"轻微抑郁或者中度抑郁"。他们中有 94% 的人都感到了明显的好转！

在《幸福有方法》一书中，索尼娅·柳博米尔斯基分享了她对快乐的人所进行的一项研究成果。她发现，最快乐的人往往并非最富有、最漂亮或最成功的。相反，改变我们的天然取向或生活环境对快乐的影响程度并不大，而养成特定的习惯被证实能够增加快乐感。在她的研究中，快乐的人有着相似的特质。他们用大量的时间来经营家庭和朋友关系、能够自在地表达自己的感激、乐于助人、面对未来保持乐观、生活过得有滋有味、经常锻炼、有着长远的认识目标和志向、在面对挑战时泰然自若且充满信心。

她还发现，你可以通过防止胡思乱想，减少与他人的比较，面对压力、损失或创伤时采取合理的行动，学会原谅，参加让自己"放松"的活动，经常微笑以及精心打理自己的身体来让自己更加快乐。

我相信，与自己的内心保持一致对于快乐非常重要，研究结果也证明了这一点。加利福尼亚大学洛杉矶分校的史蒂夫·科尔（Steve Cole）和同事研究了患有艾滋病的同性恋者，来判断出柜状况①是否会影响病情发展。参与者被要求将个人的出柜状况分为"完全没有出柜""小部分出柜""半数出柜""大部分出柜"以及"完全出柜"。

研究人员对同性恋艾滋病患者的病情发展进行了跟踪调查，他们发现了什么？总之，"完全没有出柜"的患者的艾滋病发展得更快。他们越是能够表里如一，就越能保持健康。这一结果非常好理解。那些完全或大部分没有出柜的患者比几乎完全出柜的患者去世时间快 21%。

当你努力增加自己的快乐程度时，你的健康状况也会随之而改变。

---

① 译者注：同性恋是否向他人隐瞒自己的性取向。

Chapter 8　　怎样对抗压力反应

"我们每个人的内心都拥有火花。如果愿意,你可以称之为神圣火花,但它就在那里,能够照亮健康之路。没有不能治愈的疾病,只有无法治愈的病人。"

——伯尼·西格尔

尽管现在已是常识,但在20世纪60年代,将压力和疾病联系起来仍被认为是异端邪说。事实上,当时没人将高血压等疾病与压力联系起来,尽管"紧张"一词出现于诊断书中。医生非常清楚,当病人来看医生时,他们的血压会上升——医生将其称为"对白大褂的过度紧张"。但不知怎的,没有人考虑看医生会造成焦虑且这种压力导致的血压升高会在病人回家后迅速回落这一事实意味着什么。

由于对压力是否会与高血压产生关联感到好奇,哈佛大学心血管专家赫伯特·本森与同事开始讨论这一话题,而大多数人都认为他这样的想法非常古怪。但本森坚持想要得到答案,由于一无所获,他开始自行研究这一课题,从斯金纳(B. F. Skinner)[①]的工作和尼尔·米勒(Neal Miller)[②]关于生物反馈的研究中找到灵感,认识到身体可以控制原本不由自主的生理现象。他开始通过奖励猴子来升高和降低它们的血压。首先,他成功地使猴子对不同颜色的闪光灯进行反应。渐渐地,他通过灯光刺激训练猴子进行自主血压控制,而猴子仅仅靠其自身的脑力就能够实现这一目标。

1969年,上述研究成果被公开发表,迅速吸引了先验冥想(Transcendental Meditation)练习者的注意,这一派因披头士(The Beatles)、米亚·法罗(Mia Farrow)等诸多名人的加入而变得流行。这些练习者听到本森正在研究猴子,相信他们在冥想时能够降低血压,但没人试图证明这一点。当时本森在

---

① 译者注:美国心理学家,行为主义学派代表人物。
② 译者注:美国实验心理学家、美国心理学会前主席,生物反馈技术的先驱。

哈佛大学因试图进入最后被称为"心身药学"的领域遭遇重重艰辛而变得立场不坚定，其实最初他是拒绝进行这项研究的，但那些冥想的拥护者则非常坚持。

本森后来听说了在加利福尼亚大学尔湾分校对先验冥想进行研究以完成博士学位论文的罗伯特·基思·华莱士（Robert Keith Wallace）的故事，他们俩决定一起进行这项研究。当数据整理完成后，他们震惊了：数据是无可辩驳的。在冥想过程中伴随着显著的生理变化——心律、呼吸速率及代谢速率急剧下降。在最初的研究中，血压并未在冥想过程中出现显著降低，但总的来说，进行冥想的人其血压基准指标比其他人更低。

本森将冥想的人所经历的生理变化称为"放松反应"，这一名词早已贯穿全书，与"压力反应"相对应。他认为，就像下丘脑的某一部位受到刺激时会产生压力反应，当下丘脑的另一部位受到刺激时应该会产生放松反应，以作为处理身体突然报警的防护措施。

本森观察到，病人仅进行简单的练习就能获得好处，他对此印象深刻，不禁问自己：如果一次 10~20 分钟的冥想就能对健康产生如此明显的好处，那么进行更深层次的冥想又会如何呢？坊间一直传言，深层次冥想会获得不可思议的好处。研究人员于是对冥想的僧侣进行研究，发现他们能够在只进行 4~5 小时的睡眠后将代谢速率降低 20%。这一结果表明，的确可能通过心理活动来实现对身体的"无意识"控制。

本森意识到，当你看到希望实现时，在你的脑海中植入想法，就能具备放松反应的基本条件——如提高身体温度、降低血压、与癌症抗争或减轻背痛。后来，他在职业生涯中继续进行着这项研究。数年之间，本森已经对数以千计的病人进行了研究，在医学学术期刊上发表了多篇文章。通过这项研究，他列出了与放松反应有关的多项条件。虽然放松反应可能还有其他的功效，但他成功验证了放松反应在治疗心绞痛、心律失常、皮肤过敏、焦虑、轻度至中度抑郁、支气管哮喘、单纯疱疹、咳嗽、便秘、糖尿病、十二指肠溃疡、头晕眼花、易疲劳、高血压、不孕不育、失眠、孕吐、神经过敏、术后肿胀、经期综合征、风湿性关节炎、癌症及艾滋病的伴随病症以及各种疼痛——背痛、头痛、胃疼、肌肉疼、关节痛、术后疼痛、脖子疼、胳膊疼和腿疼等中的作用。

在 1975 年出版的《放松反应》一书中，本森声称，他发现了与十多年前提出的"战或逃"反应进行对抗的绝佳武器。正如在面对猛兽袭击时身体会建立自然逃生机制来帮助你逃跑，身体还存在一种可再生的平静生理状态来修复"战或逃"反应对身体造成的损伤。

在他的新书上了《纽约时报》畅销书排行榜之后，本森迅速获得了媒体的关注，并受到了同事的批评，因为"哈佛大学的医生从不写畅销书"。他的同事继续批判他，声称放松反应仅仅是一种安慰剂效应。因为患者相信这能降低血压，于是效果就发生了。换句话说，是信念让手段变得有效，而并非手段本身。

因为在当时，他与同事都对安慰剂效应很鄙视，于是，本森发奋工作，力图证明放松反应是一种截然不同的生理状态。他发现放松反应比安慰剂对照组更有效，但即使如此，研究中的安慰剂对照组仍能保持 50%～90% 的成功率。本森意识到，安慰剂效应不应当被嘲笑，而应当被合理利用。他将安慰剂效应重新命名为"记忆中的美好"，并认为它是与放松反应作用相当的有效方法，可以产生能够被证实的生理状态。

本森的后续研究发现，经常性地激发放松反应能够预防和补偿压力反应对身体带来的损伤、预防疾病甚至在某些时候能够治病。本森想要弄清楚，除了冥想，通过其他活动能否激发同样的反应，因此他继续研究，并发现了产生放松反应的四个要素：（1）安静的环境；（2）心理手段，如重复的短语、单词、声音或祷告；（3）被动但并非评判的态度；（4）舒服的姿势。

在此之后，他发现只有心理手段和被动的态度是必需的。跑步的人嘴里唱着咒语、保持被动的态度、在喧闹的街上慢跑，同样能够激发放松反应。对于练瑜伽、练气功、散步、游泳、编织、划船、静坐、站立或唱歌等同样如此。

作为他一生的研究课题，本森发现大部分医疗事故都是由压力反应对身体的长期影响造成的或加重的。其他研究表明，超过60%的医生到访会引起压力反应。

通过直觉，我们可以得知，当我们感到有压力时，我们希望得到放松。但我们往往采取了错误的方式，以不健康的形式来寻求压力的解脱，如酗酒、抽烟和吸毒等，从而使问题进一步恶化。事实上，存在激发放松反应的健康方法——如冥想——这是我们治疗生活压力的良药。

为了测试放松反应对身体的作用，本森发明了一种激发放松反应的方法，既不像冥想那样空洞，也不需要像祈祷那样虔诚。

怎样激发放松反应

（引自赫伯特·本森《放松反应》）

1. 选择一个你信念体系中的焦点词、短语或祈祷文，如"唯一""和平""上帝为我指引方向""万福玛利亚，无上荣光""您好"。
2. 以舒服的姿势静坐。
3. 闭上双眼。
4. 从脚到头依次放松全身肌肉。
5. 缓慢自然地呼吸，为自己默念焦点词、短语或祈祷文。
6. 保持被动的态度。不要担心你能不能做好。当有其他想法时，简单地告诉自己"好吧"，然后开始重复。
7. 连续进行10~20分钟。
8. 不要立即站起。继续静坐约1分钟，让其他思绪回归。睁开双眼，在起身前再坐1分钟。
9. 每天练习12次，最好在早餐与晚餐之前进行。

实践证明，这一技巧对于激发放松反应非常有效，且能够改善健康状况。但在他的新书《心灵的疗愈力量》（*Timeless Healing*）中，本森提供了其升级版，而这正是你所需要的。

> **激发放松反应的简单方法**
> - 重复一个词语、声音、短语、祈祷文或是肌肉活动。
> - 摒除日常杂念，然后开始重复。

这些可以在锻炼、艺术创作、做饭、购物以及开车等任何时候进行。

冥想

你并不需要按照本森的方法来产生放松反应。冥想对健康有益，这已经有了长篇累牍的报道。所有形式的冥想在某种程度上都能够激活副交感神经系统，减少皮质醇浓度，降低呼吸速率、心律及代谢速率，增加大脑中的血液量及前额叶左侧的活性（在快乐的人身上可以观察到），增强免疫系统功能，从而使人进入放松状态。

冥想还能够减轻痛楚、工作压力、焦虑和抑郁，促进心血管健康，开发认知能力，降低血压，减轻酒瘾，延长寿命，使人健康地减肥，减少紧张性头痛，促进哮喘康复，控制糖尿病人的血糖含量，才能缓和经前期综合征，减少慢性病痛，锻炼免疫功能，提升生活质量。

为了避免像本森的同事一样，怀疑这只是安慰剂效应的结果，有人对假冥想进行了研究，发现它远没有真正的冥想那样对身体有益。我知道你以前就听说过冥想是个好主意，但它不仅仅对心灵有帮助，它也是应对生活中和身体上长期压力的重要手段。

如何进行冥想

如果本森提出的产生放松反应的方法不适合你，还有很多其他冥想的方式可以考虑。迪帕克·乔普拉博士提出了RPM①模式，建议起床后的第一件事最好就是冥想。然而，如果你像我一样有小孩，当孩子上学后进行冥想也许更为容易。如果你需要离家工作，在午餐时间或睡觉前进行冥想也许更容易。

无论什么时候进行冥想，在计划表中确定让身体放松的时间至关重要，不管是通过冥想还是我们在本章后文中讨论到的其他活动。如果你是像我一样超额工作的类型，习惯于在一天内同时进行多项工作，我知道进行冥想会让你感觉在浪费时间。但请记住，冥想是富有成效的，你是为了追求健康方会如此。对你的身体而言，它与健身、健康饮食和充足睡眠同等重要——即使没有达到更重要的层次——因此我强烈建议你严格执行，优先考虑用20分钟的时间来冥想以放松身体。

如果你无法控制住心猿意马的状态，你需要坚持冥想。你会发现自己很想停止冥想，因为静坐让你躁动不安，并让你产生忧郁、悲伤或愤怒等情绪，也许你还会感觉无趣。无论有着怎样的借口，我还是鼓励你尝试一下，不仅是为了身体健康，也是为了冥想为生活带来的其他好处，如更强的精神交流、更深入地了解自己的内心以及与直觉建立更紧密的联系。

如果你之前从未进行过冥想，可以从创造宁静的环境开始。我在家里设立了两个供桌，一个在卧室，另一个在家里的办公室，我就坐在供桌前进行冥想。供桌上的摆设让我感到神圣，如刻有"热爱生活"的石头、我在大苏尔（Big Sur）②买到的一个铁盒子装着的铁质心状艺术品、一个朋友给我的蔷薇石英、一片鹰羽、一位病人送给我的小雕塑、一幅密友的画作、一张装裱的照片、从圣迹带回的一杯沙以及几支蜡烛。当我坐下冥想时，我会点亮蜡烛、焚起香，用一点儿时间让自己平静下来。

有些人为了冥想而下大力气装修房间，其实即使是一间小壁橱都可以成为

---

① 原注：起床、撒尿、冥想。
② 译者注：一个风景如画的旅游胜地，位于美国加利福尼亚州卡门和蒙特雷南部的太平洋沿岸。

帮助你放松、让你与灵魂触碰的专属场所。在户外冥想也很有趣。因为我住在加利福尼亚州的海岸附近，我常在荒芜的礁石海滩上或穆尔森林的红木林中进行冥想。如果你能够找到大自然中的宁静之地，不妨尝试一下海滩、河边、草地或是森林，以免分心。

其挑战之处在于，要如何找到一个理想的、不被打扰的宁静之地来让身体放松。关掉电视和手机，如果愿意，可以听点轻音乐。关键在于营造舒缓的环境来使心灵从日常繁杂中得到放松，同时舒展自己的身体。

如果你刚开始冥想，每天可以只进行5分钟，直到最后能够进行20分钟。提前设定好时间，这样你就不用频繁地去看手表。如果可以的话，不妨坐在地板上，闭上眼睛。若非自愿，你不用以打坐的姿势盘起双腿，但坐在地上能让你感到踏实、与地球母亲进行沟通并在冥想时深入自己的内心。可以使用枕头、坐垫和其他支撑物来让自己感到舒适。坐直身体以便进行深呼吸。如果坐在地上不太舒服，那就坐在椅子上，将双脚稳稳地放在地上来获得踏实感。

一旦你找到了一种舒适的姿势，就闭上眼睛以免看到令人分心的事情，集中注意力到每一次呼吸。冥想导师杰克·康菲尔德（Jack Kornfield）建议，如果你注意到自己在回忆、安排计划或是幻想，不要进行自我评价，单纯地说出来："你好，回忆。""你好，计划。""你好，幻想。"然后回到当前的时刻，继续将注意力集中到呼吸上。当你注意到自己的注意力开始发散时，让它回到呼吸上来，将头脑放空。如果你的思绪继续发散，而呼吸不足以放空头脑，可以对呼吸计数或是重复一段咒语来帮助清空头脑。

为了避免在心里产生分心的画面，你需要对身体紧张的部分进行排查，然后想象使呼吸进入到这些部位。将你的呼吸想象成一道金光，进入到这些紧张的部位，将其填满并使其放松。放松你的后背、肩膀、腹部以及面部肌肉。如果你不能找到紧张的部位，试着从头到脚拉升和放松每一块肌肉。

你也可以试着想象看到一根接地线从你的身体下方引出，就像电线或是树根一样，深入地面，穿过泥土，扎进地基，最后根植于地核上。让所有不再为你服务的事情都顺着接地线进入地核，从而得到循环利用。你还可以想象地核处的能量能够顺着接地线进入你的身体，让你充满了疗愈之光。

你也许还可以试着幻想自己处于一个真实或虚幻的放松之地。让你的心灵通过多种方式对这个放松之地进行感受。去看、去感觉、去闻、去尝、去听。如果你正与病魔作斗争，你可以将康复加入冥想之中。通过你的心灵之眼，去看被疾病感染的身体部位，想象自己恢复健康，其中的细节越详细越好。

最重要的是，在你学习冥想时，不要对自己进行评判。批评自己的冥想"很糟糕"或是因无法平静心绪而打击自己只会徒增压力，这违背了让你身体放松的意图。保持对自己的同情，对每一个进展都不吝赞美。难道你连超过十个呼吸的冥想都保持不了吗？给你自己一个拥抱，第二天再重新尝试。就像任何事情一样，它需要进行练习，定期练习能使它越来越容易，其回报值得付出这样的努力。

产生放松反应的其他方式

并非只有冥想才能抑制压力反应，使身体镇定下来。就像我们已经了解的那样，创造力的表达、性欲的释放、与爱人为伴、花费时间加入宗教社群、从事钟爱的工作以及其他放松的活动，如大笑、与宠物玩耍、旅行、祈祷、打盹、练瑜伽、按摩、读书、唱歌、演奏乐器、园艺、烹饪、打太极、散步、日光浴以及享受大自然等，都会激活你的副交感神经系统，让身体处于休息状态，从而使身体开始进行自我恢复。

这对于我们每一个人都很重要，不仅关系到治疗疾病，还能够进行疾病预防、延长寿命。调查中有 75% 的人说自己的压力过大，感觉自己不健康，但放松反应能够对此进行有效对抗和缓解。

难道不能辞去让你感到压力山大的工作吗？为什么不结束让你不开心的婚姻？难道还没有找到生命的真爱？对去教堂不感兴趣？没关系，我并不是要让你去做本书中提到的每一件事来追求健康，我只是建议，如果你感到有压力，并且不能或没有做好准备去改变，你就必须优先进行那些能够产生放松反应的活动，以对抗生活中源源不断的压力袭击。

在妇产科工作、每天要看 40 位病人的那段倍感压力的时间内，我每天工作 12 个小时，然后回到家中的画室，我会一直绘画直到睡觉。我总是说："我用医学为别人服务，用艺术来为自己充电。"

我当时并不清楚，那就是我为自己充满压力的生活所开具的药方。当医生的工作整天都会激发压力反应时，绘画会让我产生放松反应。尽管我并没有辞职，也没有进行冥想，但我仍为自己的身体对症下药，使其镇定而放松。每周最多达到 40 个小时的闲暇时间让我富有创造力，而在此过程中，时间在不经意间匆匆过去。

副交感神经系统的激活能够使身心平静。当你的副交感神经系统关闭时，你仍会活着（但很可能被那头狮子吃掉）；但若副交感神经系统被断开，你就会死掉，因此压力反应是身体由稳态发生的一种变化。副交感神经系统使内心平静，并使身体放松，从而产生宁静的感觉。就如瑞克·汉森（Rick Hanson）在《冥想 5 分钟，等于熟睡一小时》（*Buddha's Brain*）一书中写道："如果你的体内有消防系统，那就是副交感神经系统。"

当你产生放松反应时，副交感神经系统就开始运转。只有在这种放松的状态下，人体的自主修复机制才会工作，从而自主修复身体的创伤，这是人体天然的工作方式。

放松反应还能改善情绪。当副交感神经系统在工作时，我们很难感到焦虑或抑郁。放松反应甚至会改变基因的表达方式，就像创可贴一样，减少身体在长期压力下所受的创伤。

你会怎样激发放松反应从而使身体做好发生奇迹的准备呢？

自我疗愈的方法

我已经指出了心理产生的压力反应是怎样危害身体健康的，你也许希望我给出减轻孤独感、找到爱情、享受更好的性爱、减少工作压力、挣更多钱、更富有创造力、更快乐以及放松身体的具体方法。总而言之，我是一名医生，我们常常开处方，对吗？

尽管我们渴望能够迅速解决所有问题，期待某些专家能够提供一个独家秘方，但实际情况是，如果我真的为你开具处方，你会感到分外烦恼。我为此做出的任何努力，即使基于严肃、严谨的科学，看上去依旧会显得老生常谈。让我们看看如下画面：

如果你不相信自己能够康复，那就将消极态度变为积极态度；如果你感到孤独，那就加入俱乐部，通过社交网站交友，找到合适的宗教社群；如果你对工作倍感压力，那就辞职去换一份更好的工作；如果感到创造力受到阻碍，那就开始创作；如果你破产了，那就赚更多的钱；如果你是悲观主义者，那就变成乐观主义者；如果你不开心，那就变开心一点；如果你感到有压力，那就放轻松一些。

我讲这些话非常容易。

不管你是想要康复还是希望预防疾病，过程都是一样的。在本书的第三部分，我将告诉你进行自我疗愈的六个步骤，这样你就能为自己开具处方了。（别担心！没有涉及任何专业的医学知识。）

请记住，我并不是让你炒医生的鱿鱼，相反，你应当充分利用现代医学的先进技术来为你的自我疗愈处方进行补充。当你得了阑尾炎时，我并不建议你逃避手术；当你受到严重的病菌感染时，我也并没有不让你吃抗生素。尽管开具处方能增强你身体的恢复能力，但若你得了危及生命或肢体健全的重病时，我并不希望你冒着生命危险来延缓治疗。

我已经反复强调，我推荐将这一过程作为专业医护人员进行的医学治疗手段的附加手段，以加速康复的过程、确保最终疗效、使身体尽快痊愈。

请记住，我所教你的方法最好用于预防疾病和慢性健康问题——而不是急症。当然，振奋精神、变得更快乐以及提高人生期望值肯定不会有错。不管是你生病了、想要迅速停止医学治疗（尽管在技术上已经"康复"，但自我感觉并没有那么良好），还是你特别想要进一步提高健康水平，你为自己开具的处方肯定能够改变你的生活。

当你准备进行的治疗主要是心理治疗时，鉴于你的目标是最佳的健康状态，仅仅关注心理健康是不够的。你能够将消极态度转变为积极态度、减轻孤独感、减少工作和经济压力、治疗抑郁和焦虑，但如果你继续抽烟喝酒、饮食不健康，那并不能发挥完全的功效。不仅你的内心需要正确的养分来进行健康的大脑活动，在危机四伏的环境中，你的身体也需要被呵护，比如进行能够产生内啡肽的运动以及好好睡上一觉。

当病人想要对"慢性病"或"不可治愈"的疾病进行自我疗愈而前来寻求我的指导时，我总是建议他们每天服用绿色果汁，尽量吃生食，少吃肉或合理选择动物产品，少吃加工食品，多吃绿藻、螺旋藻、海藻和芽草等超级食品，服用复合维生素，少摄入白糖、麸质、咖啡因、酒精、烟草和毒品。在我的生食教练特里西娅·巴内特（Tricia Barrett）的引导下，我每3个月就进行一次为期21天、只吃生食/绿色果汁的排毒程序，将其作为预防疾病的手段。对于任何想要从疾病中康复的人，我都向其推荐这一方法。

我还建议你们去看头脑清醒而开放的医生，他们支持功能医学或中西医结合，熟悉怎样平衡及优化体内激素和神经递质，擅长采用天然物质来增强免疫系统、提高人体的天然康复能力，进而进一步优化体内的生化体系机能。

我也相信我们居住的环境会影响健康。你是否过着"绿色"生活？你是否暴露在塑料、杀虫剂、铅、有毒的家用化学制品、模具或石棉等有毒化学品之中？世界卫生组织报告显示，24%的全球性疾病是由可避免的环境污染造成的。他们认为，对于5岁以下的儿童，超过33%的疾病来自环境污染，并猜想，解决环境问题每年能够挽救400万孩子的生命（主要在发展中国家）。

很明显，当你的内心得到呵护时，你能够做"对"任何事，但若你的身体深受毒害，不管是因为饮食还是环境，只有健康的心灵肯定无法挽救残破的身体。

有人对这些问题进行了更详细的讨论，但我提出了倾听你的身体、诊断生病的根源并进行自我疗愈的六个步骤。你是否已经准备好为自己开具处方了呢？

Mind Over Medicine

第三部分
开具处方

Chapter 9　彻底的自我关爱

"身体能够诉说言语无法表达之事。"

——玛莎·葛兰姆（Martha Graham）①

作为一名工作多年的医生，我以前一直在一种错误的假设下工作。在经过了12年的培训学习后，我才真正成为一名医生，因此我以为我比病人更了解他们的身体。医生是人体方面的专家，对不对？我一直被教育说，病人来看医生，是因为他们生病了，而且我们被认为能够"搞定"他们。

因为我父亲是医生，所以我以前认为只有医生能够治愈病人，我不相信他们能够进行自我疗愈。作为一名医学生和公民，我认为诊断出病人的病情以及为他们开具正确的处方使其好转是我的责任，我相信自己有这个能力；如果他们的病情没有好转，我会责备自己。

作为一名在职医生，我深深地感受到了这份工作的重量——正确地判断病情、采取合适的治疗方法，而不能出任何差错。除了希望病人能够积极改变生活方式，如戒烟、锻炼、合理饮食等，我并没有其他期待。我并未奢求他们能够进行自我疗愈，因为那才是我存在的理由。

直到最近，我偶然中开始怀疑我可能是错的。毕竟，谁能够比本人更加了解患者的身体呢？医生可能更了解手上的动脉以及腿上的肌肉的名称，但病人会更清楚自己身体的状况。也许，相比认为医生知道怎样对身体最好，病人更应该自己找出生病的根源，并为自己开出改变他们的生活所需的处方。

我在第4章简单地提到过，我曾邀请一些病人写出我所谓的自我开具的药方。如果他们需要抗生素，我就会照方抓药；如果他们需要进行乳房X光检测，我就马上安排。而一旦我们开始实验室测试、开始进行药物等病人所需的治疗程序，我便让他们采取更进一步的治疗程序。

---

① 译者注：美国著名舞蹈家、编舞，其作品被认为风格质朴、兼具技术性。

在让他们自己开药方时，我并未让他们独自面对一切。很多人对于参与到自己的治疗过程非常兴奋，但有些人则持保守意见或感到害怕。患者在进行诊断和开具处方的过程中需要得到引导和支持，在本章我将采用同样的方式引导你。

当然，作为医生，我认为安排合适的诊断检测以及告诉患者可获得的治疗方法是我的工作。赫伯特·本森提出了他称之为治疗的"三条腿的工具"。工具的一条腿是药物，一条腿是手术及其他医疗手段，第三条腿是自我保健。他的观点是，某一天，现代医学将认为这三条腿同等重要，从而鼓励病人在自己的康复过程中充分发挥主观能动性。他建议，可以通过我们在第 8 章中提到的激发放松反应的锻炼等方式开展自我保健治疗，这将解决来看医生的病人中 60%～90% 的健康问题，从而使另两条腿能够更加高效。

在我进行研究和撰写本书的过程中，我准备利用已有的理论对本森的观点进一步深入。我认为，药物和手术不应当被当作健康工具的两条腿，自我保健或是我称之为"彻底的自我关爱"应当具有比 1/3 更大的权重。在现有系统中，即使是写出来了，自我关爱也只是列在药物和手术治疗之后的简短提示。

此外，医生提到的自我保健通常并未明确指出与疾病相关的事宜。尽管"有营养的食物能够治病""锻炼很重要""烟草、酒、毒品有碍健康""服用维生素能够帮助身体进行自我修复"……但这些自我保健的形式并不足以对抗被重复激发的压力反应。

如果你感到孤独、深陷不良社会关系而难以自拔、对伤害你的人充满怨恨、对爱人撒谎、在工作中出卖灵魂或是感到在精神上破产，无论吃多少蔬菜、进行多少体育锻炼或服用多少维生素都无法将这些不良情绪驱除。彻底的自我关爱还包括设置合理的边界、表里如一地生活、让关爱和交流包围着你以及为心头所好花费时间。你需要自我关爱，不仅仅是在健康的习惯里，还应当贯穿剩下的大半辈子。

现在是对以往范式进行范围修改的时候了。医生承担着教育者的角色，帮助病人变得乐观，教会他们营养均衡、锻炼身体以及其他有益于健康的方法，同时明确可能产生健康问题的生活方式，如孤独、工作压力、经济担忧以及悲观等。教育和鼓励病人来选择健康的生活方式（如冥想和其他精神层面的联系）、表现创造力、进行高质量的性爱以及健康的社交活动等，也是医护人员的责任。一旦我们尽自己的全力来为病人提供诊断、教育，提供病人想要的常规医学治疗手段，也许我们可以不再担任主要实施者，而是作为可信任的专业咨询人员为患者提供医学服务，让其为自己实施治疗。

我将对医护人员与患者应当怎样团结协作进行深入介绍，但在此之前，让我剥离医生的角色，以一名病人的身份告诉你我的亲身经历。

我是怎样成功疗愈自己的

在我 33 岁时，我感到压力很大，心如火烧，并长期处于恐惧、焦虑和不知所措的状态，我对于工作非常不满。作为一名妇产科的全职医生，我每天要看 40 位病人，每周需要在医院连续工作 36～72 小时，整天忙于做手术和为新生儿接生。

在满是压力的工作之外，我离了两次婚，数名关爱的人因癌症离世，所以我感到非常孤独和抑郁。基本上，我的压力反应会持续一整天，如果我的身体被压垮也不足为奇。但是，在那段时间内，我并没有倒下去。

在我 20 多岁时，我被诊断出存在多项健康问题，包括高血压、心率失常、外阴阴道炎、严重过敏以及早期宫颈癌。

我服用了 7 种药物，每周注射过敏疫苗，并接受了宫颈手术。但尽管进行了治疗，我的血压仍偏高、过敏严重到不能离开家、没有性生活、心脏急速跳动，并且在术后仍存在宫颈癌的早期症状。

简而言之，我出现了早期的心脏病发作症状，医生不知道应当怎样对我进行治疗。

经过重重困难，最后我与毕生挚爱马特结婚了。在相爱以后，我的健康状况有所提升；但我仍每天服用大量药物，身体远远谈不上好。

当2006年的1月到来时，在引言中介绍的完美风暴出现了——我成了一个新妈妈、失去了爱犬、我的兄弟因一种常规抗生素的罕见副作用引起的肝功能衰竭而离世、我的父亲死于脑肿瘤——所有的这些都发生在两周之内。可想而知，这对我造成了怎样的压力反应！

当我想要喘口气时，马特全身心地呵护着我们的宝宝，却切掉了自己的两根手指。尽管医生成功将断指缝合，但马特无法继续照顾我们几个月大的女儿锡耶娜。那个时候，天仿佛都要塌下来了。

这些接连不断的噩耗让我感到像是要被龙卷风刮走的房子一样摇摇欲坠。由于过度操劳带来的压力反应，我再次感到身心俱疲，心灵和身体上的伤痛几乎要让我瘫痪了。我感到自己要被这些压垮了，这些我无法控制的压力让我在黑暗中不断沉沦，我就像是卡在狭窄的产道中的婴儿，几乎无法正常呼吸。

但生活也有光明的一面。我所经历的心灵创伤让我一直以来的伪装出现了裂缝，当其彻底掉落时，我开始发现长久以来最真实的那部分自己，我现在将之称为我的"内心指示灯"（Inner Pilot Light）。

这部分伴随着我们每一个人。你的内心指示灯是你闪耀的精神——我称之为最宝贵的自我意识或者灵魂。它是你的一部分，是以人类的形式为生活增加动力的神性。这是100%的真实，它永不熄灭，尽管可能有时黯淡，但总是照亮通往幸福和健康的道路。

当我备受压迫时，我发现了自我的光芒、智慧和感知力，就像一个永恒的夜灯或者一个指路明灯。来自各方的压力愈发激烈，我的光芒愈发明亮。在灵魂深处，我经历了自我的觉醒和人性的回归，就像一个浪子，在多年漂泊之后还是回到了我的身体之内。

我的身体已经用喃喃低语的方式向我暗示了许多年，但我一直将其忽略，直到最后，为了吸引我的注意，我的身体开始激烈反应。一旦我开始倾听我的身体和内心的指示灯，我开始知道很多之前没有意识到的事情。我知道什么会让我生病、在往来关系中我应该改变什么、怎样改变我的工作生活以及怎样完成其他不可避免的转变。

面对需要进行的诸多变化，我有些吓坏了。我的生活仿佛已经抵达了悬崖的边缘，似乎在低头审视所面临的巨大的未知世界。我有一个刚出生的女儿，一个暂时无法正常行动、没有工作的丈夫，一份抵押贷款，一份学业债务并且没有备用计划。

但是我现在的生活正在一步步消磨我的生命。当按兵不动的痛苦超过了对未知的恐惧时，你就会产生飞跃。即使你会担忧、战栗，你还是会做些什么。我知道如果不能改变现有的生活，我就会怀抱年轻的生命遗憾地死去。作为一个家庭的新妈妈，我有很多活下去的理由，我不愿意因这些希冀让我死守着安全的错觉而不去改变，我知道我必须拯救自己的生命。

现在，请注意，自我疗愈并不是由于内心的卑微。我必须通过对卵巢做出激进的决定来挽救自己。当我意识到这一点时，我为自己的勇敢而感到骄傲，也为马特陪伴我面对一切而心怀感激，因为我们都害怕。我们冒着一切拯救我的生命。谢天谢地，我们成功了。

我放弃了自己的工作，这意味着我必须出售现有的房子，清算退休账户，为我没能正常工作"收尾"而支付高昂的费用（以免有人将来起诉我）。我们从繁忙、拥挤、混乱的圣地亚哥搬到了一个位于加州北部海岸的宁静小镇。在那里我花了两年时间舔舐我的伤口、写作、绘画、养育女儿并疗愈自己。

在我后来称之为"等待成功"的那几年，我获得了明确的生活目标，加深了与丈夫和女儿的关系，与一个神圣的存在重新建立了联系，并通过多种方式表达了我的创造力。我也花了很多时间与大自然亲密接触、练习瑜伽、每天徒步远足，我还与失联的老友再次取得了联系。

在离开医院两年后，我开始感到内心有一股驱动力让我想要重新服务于患者、履行一名治疗师的职责；但是我很担心这会再次将我得到改善的健康状况置于险境。然后我得到了一份在旧金山海湾地区坐诊的工作。刚开始我不愿意接受这份工作，因为我最不愿意做的一件事就是离开港口回到大城市。

但负责综合医务工作的可爱的医生们给了我所想要的世界——与病人待更长的时间，有机会在美丽、有爱的空间里开展工作，展示我艺术性的邀请以及怀抱一颗疗愈的心来自由开展一个伟大的实践。我就像一棵发光的圣诞树，迅速抓住了这个机会。

马特和我在金门大桥附近的海岸找到了位于一片静谧的峡谷中的房舍。在那里，我可以远离文明，尽情拥抱红杉、山峦和海洋。我找到了天堂——只需要从我工作的地方沿着风景优美的第一高速公路开车20分钟即可抵达。

马林县的生活引导我在自我疗愈的道路上越走越远。我开始与心灵导师会面、喝大量的绿色果汁、探索我的性爱之乐、每天爬山，同时我开始撰写博客，发现了同样致力于基本自我保健和治疗世界的人们——那些我在有生之年一直苦苦寻找的人们。突然间，我感到自己不再孤独：我知道了自己的人生目标，我喜欢我的工作，我有着医学家庭背景，我被爱所包围，我比以往任何时候都更快乐。

我陆续停止了所有的药物，而那些健康问题几乎彻底被解决或是得到了大幅改善。现在，我只需要服用原先药物的一半剂量，我不再打过敏针，我的宫颈已经恢复正常，无需后续手术治疗，我的性功能障碍消失了，心律失常也消失了，血压变得正常。还有一个额外的好处，我成功减肥10千克，自己已经从抑郁中解脱出来，频频感到幸福，获得了大量的能量，实现了多个孩提时代的梦想，生活充满爱，比我全职工作时的经济状况更加良好。①

我的医生感到震惊。在几乎没有帮助的情况下，我从传统医学几乎无法治愈的病况下治好了自己。一位医生告诉我，我就像增加了30年的寿命。（她还告诉我，我看起来年轻了10岁。刚开始我不相信她，直到当晚我点了一杯酒

---

① 原注：所有自我开具的处方的细节见附录C。

时，我得到了同样的评价。)

我是怎么疗愈我自己的呢？虽然我也改善了饮食和锻炼，但我主要是对心灵的疗愈能力深信不疑。我相信你也有能力疗愈自己。

让身体做好发生奇迹的准备

尽管我的故事听起来很可疑，但我想让你明白，我所讲的并不是形而上学的夸夸其谈；这其实是简单的生物化学问题。经过评估与检查，我的大多数健康问题都与压力相关，所以，改变生活方式，减轻重复的压力反应，让放松反应取代压力反应，就能改变我身体的生理机能。

这不是一件容易事。为了治疗，我必须引导自己进行让自己反胃的、令人心碎的过程以诊断身体出现问题的根本原因。（提示：这不仅仅是动脉中有压力、宫颈有病毒或是血液中有组织胺（Histamine）① 在得知了我所选择的个人生活如何转化为疾病这一可怕的真相后，我为自己制定的生活改变意味着将我的身体从一个饱受压力反应攻击的状态转变为主要处于休息放松的生理状态。

仅仅知道需要改变是远远不够的。这个过程中最困难的部分在于鼓起勇气做你认为需要做的事情。当你快乐、轻松、无压力时，身体可以完成惊人的、不可思议的自我修复的壮举。在这种放松的状态下，错误的 DNA 会得到修复，酶催化修复过程会不断进行，免疫细胞会吞噬传染性病原体，自由基会对体内垃圾进行清理，修复细胞会开始自救。如果我们提升其天然修复能力，身体就会发生奇迹。

现在我明白，人体是如何工作的。当我们的生活不健康时，会触发压力反应，身体就开始发出报警。如果我们留意到这些，深入了解身体想要告诉我们

---

① 译者注：组织胺是一种活性胺化合物。作为身体内的一种化学传导物质，它可以影响许多细胞的反应，包括过敏、发炎反应、胃酸分泌等，也可以影响脑部神经传导，会造成人体想睡觉等效果。

的事情，并做出改变，减少压力反应，激发放松反应，我们就可以防止这种警报演变为全面的疾病。

但当我们忽略警报——或与我们的身体割裂，甚至都没有听到警报——身体就会激烈反应。头痛会发展成中风，胸部发紧会演变为心脏病发作，耳鸣会升级为动脉瘤。

在身体垮掉之前，我们准备从何时开始留意身体的警报？我请求你从现在就开始留意。你的身体是否发出警报，还是已经开始激烈反应了？你是否准备好开始一段自我疗愈的旅程？

你可能会想，莉萨当然可以诊断自己生病的真正原因、给自己写处方，毕竟她是一个医生嘛！

但是我向你保证，你拥有这样做所需的一切。如果你准备好了并愿意这样做的话，我会来教你如何在家里进行这一过程。

如果你已经采取了能够对传统医学进行优化的措施，但你还是生病了；或是你试图停止服用一些药物以摆脱副作用；或是你希望避免非必需的手术；或是你想实现减肥等健康目标；或是你得到了治疗身体、提高生活质量的动力……那就加入康复训练的大军吧，让我们通过这一过程使身体处于最佳状态以进行自愈。现在开始准备吧！

为了帮助我的病人确定导致他们的健康问题的原因，根据我的研究成果，我提出了一个叫"整体健康界标"（Whole Health Cairn）① 的关于诊断和治疗的健康模型。它包含了大脑如何疗愈或伤害身体，以及影响整体健康的身体和环境因素。（2011 年我在一个受欢迎的 TED 演讲"健康理念中那些令人震惊的真相"（The Shocking Truth about Your Health）中首次提出"整体健康界标"这个概念。）

---

① 译者注：此处的界标指石堆界标，古代多用来作为路标或者纪念碑。

在医学培训中，我学到了多种健康模型——包含营养状况、锻炼、社会健康、心理健康等内容的饼图和金字塔等。大多数模型将身体包括在内，这是由于身体是生活中所有事物的基础。但这些模型似乎总是遗失了什么东西。我不仅质疑身体是否是一切事物构建的基础，我对于是否能够像切饼一样将健康的各个方面进行分割也保持怀疑。我认为很多东西交织在一起，与健康相关的所有事情也相互关联，而身体健康则是总体健康生活各个方面保持平衡的综合体现。

当我在加州北部沿海，也就是我家附近的小路上徒步行走时，新的健康模型第一次从我的心底浮现。作为一个艺术家，我一直喜欢界标——你在海滩见到的用以标示出人行道和神圣的地标的那些成堆的保持平衡的石头。我喜欢其中的禅意，但最重要的是，它们集力量和脆弱于一体。一个精心设计的界标可以承受海浪的冲击，但如果你移动一个石头使其失去平衡，整个石堆都会被推翻。所有石头都取决于其他石头的稳定性。

就像界标一样，身体强大而富有弹性，同时又脆弱、容易失去平衡。如果整个健康状况是一堆保持平衡的石头，身体就是最上面的石头——最不稳定，如果其他的石头发生变化，它就最可能掉下来。在自我疗愈的过程中，我认识到，其他事物构建的基石就是你内心的指示灯。内心知道疗愈身体和心灵的智慧，知道什么对你有用，用自己的独特方式引导你，从而获得健康状况的改善。

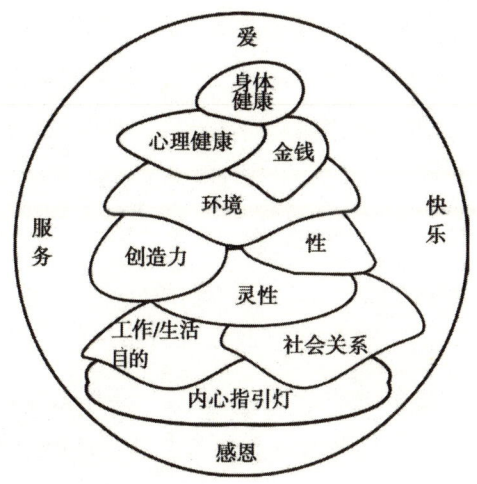

在内心指示灯之上，就是影响健康的所有其他因素——社会关系、工作和生活的目的、创造力、灵性、性、金钱、心理健康和环境。整体健康界标的顶端就是你身体的生理健康。整体健康界标被"治疗泡沫"所包围——爱、感恩、服务以及快乐——是所有事物保持平衡的黏合剂。爱和同情——不仅来自充满爱的家庭、朋友和医护人员，还来自你自己——在你进行自我康复的过程中是非常重要的。打开你的内心，用爱战胜恐惧，在生活的各个方面为疗愈铺平道路吧。

感恩之心也很重要。没有感恩，你可能只关注你的生活中缺少了什么，而不是感激你拥有的东西。当这种情况发生时，这个过程会让人不知所措和绝望，这只会产生压力反应。你必须填满你的杯子，在其停止工作、做出改变前欣赏你已经拥有的一切。感恩让你乐观，正如有证据显示，乐观能改善你的健康状况。当你专注于感恩，积极的事情更容易发生，从而让你更加感激生活。

只要你保持感恩的心，你就会避免进入不健康的黑暗之地。

服务是治疗泡沫的另一部分。将我们的生命致力于为世界服务，能够使我们相互关联，提醒我们关注比自身更重要的东西。《29 份礼物》（*29 Gifts*）的作者卡米·沃克（Cami Walker）在治疗多发性硬化症的过程中，连续 29 天每天都送出一份礼物，这促使了整个运动的产生。将你的生活奉献于服务和治疗他人吧，即使在小的方面，都可以成为身体、心理和灵魂的良药。

快乐让这一过程更有乐趣，并促使身体产生更多有益于健康的激素，如内啡肽、多巴胺、一氧化氮和后叶催产素。尽管有时疗愈过程会显得可怕，但你应当开心以对，因此要确保你在此过程中满是欢笑、充满愉悦感、感到好玩和有趣。

整体健康界标的每一块石头都对愈合过程至关重要，愈合泡沫为其提供了健康的激素环境，为我们的心灵提供了合适的培养皿来让改变发生，最终促进细胞的疗愈过程。请记住，在这一过程中，使内心具有持续不断的积极状态非常重要。如果你让自我批评（我称之为"恶魔"）试图打败你对身体的自我照料，那么它就不能生效。如果你不断说自己很胖、很丑、上瘾、不顺从、有病、差劲、不能自律或一文不值，这个过程压根无法正常运行。你必须练习不断激发善良与自我，否则你就会失去希望，最终深陷于那些坏习惯。

实现真正疗愈的唯一方法是进行彻底的自我关爱，对自己真诚爱怜、心怀慈悲。倾听内心那些明智的、关怀的声音将会帮助你做到这一点。当你学会把心中的恶魔赶出去时，你会发现你是你自己最好的朋友，而且信任你真实的心声，你的身体就会放松，你的自我修复机制就能够发挥作用。

大多数健康模型认为身体是一切的基础，如果没有一个健康的身体，一切都是空谈。但是我们已经继续深入了一步：身体不是健康的基础，身体是一切生活经历的总体生理表现。当你的生活与你内心的指示灯不相符合，使构成整体健康界标的石头失去平衡,你就会产生心理压力,使身体受到损害。好消息是,若你尚未处于最佳健康状态,你可以通过改变来显著地改善身体的健康状况。

加州大学伯克利分校的凯莉·特纳博士(Kelly A. Turner)被那些有着自主康复经历的人们所吸引,为了完成论文,她决定周游世界,对两组人进行访谈:经历过无法解释其机制的癌症病情缓解的患者和经常帮助这群病人的非对抗疗法治疗师(医疗机构对患者的情况束手无策时,后者的工作可以起到作用)。

在美国、中国、日本、新西兰、泰国、印度、英国、爱尔兰、赞比亚、津巴布韦和巴西等国进行的 70 个案例访谈被翻译成超过 3 000 页的记录,然后进行分析以从中找到共性。凯莉·特纳证实,在超过 75 种癌症的"治疗方法"中,有 6 种"经常"出现在全部(70 位)研究对象的个人经历中。

六种促进自愈的治疗方法
(引自凯莉·特纳的博士论文)

- **改变饮食结构**。大多数受访者认为改变饮食是自愈的有力工具。主要推荐的食物包括蔬菜、水果、谷物和豆类,而需要减少肉、糖、奶制品和精加工食品的摄入。

- **体验深层次的灵性**。特纳的许多受访者都谈到了对神圣、爱和能量的自我感知。

- **感受到爱/快乐/幸福**。受访者认为当自我修复能力越来越强时,生活中也充满了越来越多的爱和幸福。

- **释放被压抑的情感**。许多受访者认为释放以往被掩藏的负面情绪,如恐惧、愤怒和悲伤,是非常健康的表现。

- **服用草药或维生素**。特纳的受访者通过各种方式为身体进补,认为这些能帮助身体排毒和(或)增强免疫力。

- **遵从直觉**。他们谈到了在做出治疗相关的决定时遵从自己直觉的重要性。

这些生活的变化,不仅可以使你与癌症进行抗争,对任何疾病都是如此。

进行疗愈的邀请

你不必非要等到身体产生危及生命的疾病时方才开始改变生活方式。在下一章中,我将向你介绍一个我过去曾教给患者的六个步骤,它能促进截至目前只在本书中我所介绍的那些能进行解释的自我康复过程。这个过程是我从大量科学研究数据中得到的,其效果非常显著——不仅可以使健康状况和快乐程度产生巨大的变化,而且能够让整个生活都全然不同。

在我们进入这六个步骤之前,我应当提醒你,我的大多数病人都哭了。对许多人来说,经历这个过程会揭开那些存在多年的盲区,促使你对内心产生更加深刻的了解,包括过去的心理阴影、现在的悲伤心情和对未来的担心。自我怀疑、自我批评和自我厌恶的恶魔会渐渐冒头。我已经说过了,自我疗愈并不适合内心柔弱的人。

为什么要使自己陷入一个可能不舒服的过程?因为你往往需要置之死地而后生,而这个过程会给你重生的机会。就像所唱的那样:"为了成为必须成为的自己,你就必须放弃现在的自己。"

如果你无所畏惧地面对自我、生活和疾病,你就有机会召唤幸福,在内心指示灯的照耀下表里如一地生活。当你这样做时,你就能放松你的身体,开启自我修复机制,使身体做好发生奇迹的准备。记住,一切皆有可能。

如果你还没有准备好,别担心。你已经了解到很多关于通过改变生活来优化健康的知识,如果现在还不适合继续深入,也没有关系。保持平心静气,你可能会找到适合于自己的达到最佳健康状态的方式。

但是,如果你准备继续深入,我想鼓励你从你信任的人那里寻求支持,你能和他一起分享接下来可能会发生的事情。理想情况下,这个人应当经验丰富、经过训练、能引导别人处理情感问题,如治疗师、顾问、精神科专家、心灵导师或者生活教练。正如我们在第3章中所讨论的,没人应该独自去面对并不容易的疗愈旅程，特别是在我们谈到疗愈心灵的时候。

理想情况下，应当是经验丰富、经过训练的人引导别人处理情感问题，如治疗师、顾问、精神病专家、灵魂导师、生活教练或整体健康医学研究所的毕业生。

请记住，诸如"疗愈自己"和"自我修复"其实并不是适合这一过程的称呼，因为它们暗示你可以自己完成这一切。我们应该叫它"用心理疗愈身体"或"心身治疗"，但这又太不方便。我已经帮助相当多的人完成了这一过程，因此我可以向你保证，如果有人能够帮助你，这个过程将会更加有效，也会更愉悦。

虽然我想建议你向你的医生寻求帮助，但除非你的医生不接受医疗保险或能够在你身上投入很多时间，我还是建议你寻找能够为你的治疗过程投入超过7分半钟时间的人来帮助你。事实上，尽管他们可能想要从情感上支持你的这一过程，但大多数医生根本没有你需要的时间。你可能需要找到更好的人，可以经常花整整1个小时的时间与你相处，就像治疗师、健康教练或者生活教练那样。但如果你与你的医生讨论这个问题了，而且他还同意了，那就更好了。没有什么能让我更快乐的事了。

请在这方面相信我。如果你决定阅读下一章，并为自己开始这一过程，找一个与你同在、可以让你真实地体验自我、不会用自己的恐惧、信仰和生活经历影响你的人。确保你感到被信任、没有指指点点、安全和受到关爱，因此，如果有必要，你可以彻底放下一切，因为你知道有人会帮助你重新开始。

我也想鼓励你在这个过程中对自己报以无限的怜悯和同情，这不是打击自己或为生病而羞愧的借口，这是一个发现让你生病的根本原因的机会，这样你就可以在你的生活中做出改变，从而改善身体的健康状况。尽管我不能陪伴你们每一个经历这一过程，但我在精神上与你们同在，知道你们沐浴在神的圣光中，与你们有着可能存在的最高程度的共鸣，有着开放的胸怀和坚定的信心相信你们一定可以成功。

亲爱的，你没有什么可害怕的，一切终将有回报。所需的一切已经在这一刻触手可及。我要做的只是举起一面镜子，这样你就可以看到你内心的模样，那里会有你的答案。

Chapter 10　　自我疗愈的六个步骤

"这应该是一个专业的秘密，但我还是要告诉你。我们医生什么也不做。我们只提供帮助，鼓励你的医生与你同在。"

——阿尔贝特·施韦泽（Albert Schweitzer）[①]

在我们开始之前，我想做一个最终的说明。本书中，我交叉使用了"疗愈"和"医治"。当我们谈论疗愈骨折，我们通常意味着医治骨折（使骨折部位生长起来）。在这种情况下，它们的意思是一样的。但字典定义从两方面对疗愈进行定义："疗愈效果"和"保持完整"。从现在起，当我使用"疗愈"这个词时，指的就是第二个定义——即恢复成为一个有机整体。

疗愈不同于医治。你可以被医治但并未被疗愈，你也可以被疗愈但并未被医治。最完美的情况是，你既得到医治，又能恢复成为有机整体。但是我不能保证你一定能够被医治。我所能保证的是，如果你开始了这一过程，并得到了正确人选的支持，你就会康复，即使你并未接受医治。

当你要对某种疾病进行处理，生病的过程可以为灵性的觉醒提供机会，而在我们觉醒以后，我们就能回到自然的完整状态。这个完整的状态即为最佳的身心放松状态，所以身体的自我修复机制就能够最好地开展他们的工作。

如果是这样的话，为什么不是所有人都能够痊愈？为什么有人能够自我康复，而另外一部分人没有？有些人认为所有的疾病都是思维混乱的结果，即使你的意识相信你能够变好，但潜意识不同意，也会让事情搞砸；其他人则相信生病是由于过去的生活中的罪恶，它必须得到救赎——这就是业力；还有一些人认为这是上帝安排的宿命；有些人认为坏事会发生在好人身上，其原因仅仅是由于那是随机事件。

[①] 译者注：1875－1965，法国心理学家、医生、风琴演奏家，其大部分生命都献给了在非洲加蓬的医学传教。

我不是在这里讨论神学也不是在信口开河，但我也不想完全回避这个问题。那么我想阐述为什么有些人可以被治愈，而有些则不能。我能说的是：当我的病人一直勇敢、乐观，并且愿意尽一切努力来治病，种种看似不可思议的壮举，都会通过身体的自我修复而发生。同样的事情也可以发生在你身上。那么请听我慢慢阐述吧。在努力治病的过程中你会受益，因为你能够充分认识自我，与你的本真保持一致，并让身体做好发生奇迹的准备。不管你是否开始医治你的身体，如果你遵循我所教你的步骤来进行，我保证你的人生将会得到改善。我相信你可以做到，所以请跟我来吧。

第一步：相信你可以疗愈自己

安慰剂和反安慰剂的相关数据告诉我们，如果你被负面的、自暴自弃的观念所影响，无论有意还是无意，都将会影响你的自我疗愈。你所相信的最终会在身体上得到体现。大多数人认为某些疾病是无法治愈的、永久的或慢性的，但如果这种观点有误呢？

曾经，人们认为人的生理结构决定了无法在 4 分钟内跑完 1 英里[①]，而且大家也都相信这是真的，没有人能够完成，但在此后，有些颠覆性的事情发生了。

1954 年，罗杰·班尼斯特（Roger Bannister）在历史上首次完成了 3 分 59 秒跑完 1 英里的壮举，用行动证明运动生理学家是错的。突然间，全世界都接受了人类能够在 4 分钟内跑完 1 英里的事实。此后不久，其他人相继用不到 4 分钟的时间跑完 1 英里。在 46 天后的一个著名的比赛中，罗杰·班尼斯特和约翰·兰迪（John Landy）都在 4 分钟内跑完了 1 英里，班尼斯特还赢得了比赛。

---

① 译者注：约 1.61 千米。

在此之前，尽管运动员的跑步速度越来越快，但 4 分钟标签似乎建立了一个真正的生理障碍，没人能够超越。就好像因为相信这一观点，所以身体不能实现突破。但只要打破这一观念，班尼斯特就能够完成看似不能完成的壮举。

现在，随着这种认为生理上不可能的限制性观点被推翻，几乎所有世界级的运动员都能够在 4 分钟内跑完 1 英里。目前 1 英里的世界纪录为 3′43″15。

如果认为某些疾病不能被治愈也只是一种限制性的观念，就像那种限制运动员打破 4 分钟跑完 1 英里的观点一样，那么会发生什么？如果你改掉自暴自弃的想法，允许自己能够像自主康复项目和凯莉·特纳研究的癌症患者一样存在发生医学奇迹的可能性，就有可能对其他人认为的无法治愈的疾病无所畏惧，那么又会发生什么？

就像那些不能在 4 分钟内跑完 1 英里的运动员——然后他们成功完成了——你的观点可能也会限制身体所能完成的事情。如果你相信你的病是无法医治的，这就会像一个自动实现的预言。但是如果仅仅改变你的想法也许就可以改变你的身体状况呢？

让我来邀请你敞开心扉，改变你的观点。如果总是抱着"不可能"的想法，那你永远不知道什么奇迹将会发生。

还记得那些冥想的人可以通过想象腹部有火焰而增加他们的体温吗？你也可以通过心理的力量来改变你的生理状况。开始冥想能够有所帮助。保持内心的平静让改变观念更容易接受。试着用放松反应或其他的冥想技巧吧。当你冥想时，身心就处于生理上的休息状态并具有感知能力，试着重复对自己进行正面的肯定。你可以记录你希望身体感受到什么，比如"我是完整、健康、没有病症的。"每天通过重复这些来对自己进行肯定。

你还可以试着像脑海中回放的电影画面一样，想象一下自己健康的身体。闭上眼睛，做深呼吸，用心灵的眼睛看到身上所有疾病的治愈。想象越具体越好。如果需要，你可以通过查询解剖学和生理学的相关资料，这样你就知道病变器官在健康时的样子。想象自己没有任何疾病，并且生机勃勃；保持感知能力，在触觉、视觉、听觉甚至味觉等方面充分发挥想象力，以获得尽可能多的细节。详细的想象画面和肯定能帮助大脑让新的观点进入潜意识。

同样重要的是做你大脑的守护者。你可能没有意识到进入大脑的信息具有怎样的力量，你应该有意识地去避免关于健康的消极想法，就像"因为我母亲得了癌症，所以我也可能患上癌症"或者"我也许身体不健康"。用正面的肯定代替你的消极想法。在你的头脑中，专注于你想要的东西而不是不想要的东西。潜意识并不能理解否定，因此当你告诉大脑"我不想相信我将终生患病"时，它听到的是："我相信我会抱病终生"。

第二步：找到恰当的支持

与你的团队面谈。让他们知道你们会在什么时候会面，从而对计划进行讨论以确保其正确性。如果医生、疗愈师、生活教练或其他医护人员无法接受面谈，那就找一些可以面谈的人进行。正常的医护人员是不会因此而感到被冒犯的，但你需要为此做好付报酬的准备，因为你的保险不会覆盖这些费用。

找到那些相信你的医护人员。科学数据表明，如果医护人员相信你能好转，你就更容易康复。不要感到紧张，自由地向医护人员提问："你相信我能好转吗？"对答案进行密切关注。如果医生看到你以往的消极数据，坚称你的病情希望渺茫，你就应该想到去找别的医生。记住，作为医生，我们被训练为"现实主义者"（或者说"悲观主义者"）。但是不要害怕与医生交流你的积极想法。你可以给医护人员提供这本书，并问问他们是否愿意成为你的搭档。在面对持乐观态度病人的邀请时，许多医生会改变他们的态度，并对提醒他们积极的想法与盲目的希望有所区别的做法心怀感激。

寻求能够真正关心人的医护人员。是时候让"关怀"回到医疗保健领域了。你不仅仅是一个病房代号或者肉体的一部分。如果医生不能将你当作一个完整的、美好的人类进行疗愈，那就继续寻找，直到找到这个人为止。有许多技术超群、态度良好、积极热情、富有才华的从业者在等待着一个像你这样美好的病人。

把你的身体交给愿意合作的医生。如果顺势医疗者讨厌医生，而你的医生又认为灵气师只是个骗子，那么这很难让每个人都保持着统一的步调。如果你组建的团队包括了传统医学以外的疗愈师，确保这些人愿意并渴望互相尊重的交流，这样你就不会最终得到相互矛盾的建议，那不仅会让你迷惑，还可能导致巨大的危险。

倾听身体的智慧。当你与医护人员在一起时，你会产生怎样的直觉？在拉他（她）的手时你感到安全吗？你信任他（她）吗？你会认为能够得到很好的建议还是奇怪的感觉呢？检查一下你的身体反应吧。如果你感到紧张、寒冷或喘不过气时，你的身体也许想要告诉你什么。寻找开放、温暖、放松和冷静的身体感觉吧。

确保医护人员尊重你的直觉。如果你对疗愈方法提出质疑，并礼貌地表达了自己的观点，但你的直觉没有得到尊重，你应当好好想想这是否就是最适合你的医护人员。作为医护人员，我们的工作就是向你展示可获得的选项，告诉你其中的风险和益处，并提供疗愈建议，但最终还是由你自己来做100%的决定。如果你的医生抱怨你不选择听从他的建议，这是他的问题，不是你的。好的医生会对你的反馈表示欢迎，理解你对于自己身体的了解程度要超过其他人，并尊重你的意愿。

愿意签署放弃追责声明。在当前各种纠纷起诉繁多冗杂的社会里，如果你选择拒绝采纳他们的建议，但仍希望成为他们的病人，你的医生或执业过失保险责任人可能会要求你签署放弃追责声明。别把它当作自己的问题。他们只是为了以防万一，这并不意味着他们不支持你的自主权。

知道你应该得到所能获得的最好的照顾。 不要告诉自己你不够好/聪明/年轻/有钱……所以不能接受这种五星级的医疗护理。由于某些有远见的医生已经跳出了医疗保险体系以提供优质的医疗服务和更多地与病人相处的时间，你是要为此埋单的。但是还有比你的健康更重要的东西吗？要知道，你值得接受最好的医疗护理。

第三步：倾听你的身体和直觉

你内心的指示灯不仅是一直在你身边的明智的疗愈师，也是身体最好的朋友，它知道你的身体需要什么。但是有些人已经在不知不觉中拉大自己与内心指示灯的距离。通常，这是因为我们不再属于我们自己的身体。我们的身心分离了，而不是身心合一地生活、听从直觉的智慧、体验切实的感受。对此，医生比任何人都清楚。

作为一名接受过培训的医生，我被认为可以连续工作，所以当我感到累了的时候却不能自由休息；当我饿了的时候却不能吃东西；当我的膀胱要爆了的时候却不能上厕所；我不能在腰酸背痛的时候停止操作或是在生病时在家里休息。我必须坚守自己的岗位，无论我的身体想要告诉我什么。

我太忙了，以致没有时间来倾听直觉的喃喃低语。我常常疲惫不堪，身体不得不提醒我注意，我的生命已经开始脱离了轨道。作为对复发性疼痛和不适的防御，我逐渐变成了一个行走的大脑，整天过着"灵魂出窍"的生活。鉴于可以从医生、运动员和士兵身上学会我们如何超越身体进而感受不到生理和情感上的痛苦，大多数人会经历一定程度的身心分离以适应环境，但之后必将自尝苦果。当我们身心分离时，我们就无法听到想让我们进行改变的预警信号。

但是你可以改变这一切。如果你不擅长利用内心指示灯的智慧，你可以试着将你的身体当作一个明智的切入点，让你的直觉帮助你的身体疗愈。当你开始学会倾听你身体的智慧时，你将找到你所需要的全部答案，从而对自愈之旅进行引导。通过留意身体的警报，在身体产生激烈反应之前，你就能知道怎样来预防严重的疾病。①

试试这些帮助你深入了解内心指示灯的练习，它会通过身体与你交流。

练习：让你的身体成为你的向导

1. 静坐。花几分钟安静地坐下来，闭上眼睛。

2. 深呼吸。注意你的胸部的打开和关闭。要感受到空气从鼻孔中进出的感觉。

3. 留意所体验到的任何生理感觉。你觉得痛苦吗？紧张吗？耳鸣吗？温暖吗？冷吗？缺氧吗？闷吗？有任何一种疾病的症状表现吗？

4. 询问你的身体想要告诉你什么。邀请你内心的指示灯来回答，倾听其反馈的信息。

5. 现在睁开你的眼睛，让你的身体症状或疾病给你写信。例如，如果你有背痛，就让背部的疼痛给你写信。如果你有癌症，就让癌症给你写信。

6. 写一封回信。一旦你的身体症状或疾病已经给你写信，立即回信。

7. 用这种往来的对话确保你在了解自己的身体。注意心中出现的内容，那是内心指示灯想要诉说的。仔细倾听。

8. 感谢你身体的智慧。要承诺与自己的身体进行更加频繁地接触。

通常，我们选择忽略内心指示灯通过身体给我们发出的信息，因为我们不会注意到或者因为我们不喜欢听到那些消息想要反映的事实。与这种身体的智慧接触也许要求改变，但在我们还没有为此做好准备时，我们也许不希望听到这些消息。

例如，连续咳嗽可能是在告诉你，身体需要你戒烟，但是如果你不愿意放弃，你可能会拉大与内心指示灯的距离。你脖子上的肿块可能是告诉你需要去看医生了，但如果你害怕听到这一消息，你也许会将其忽略，直到这个

---

① 原注：请参阅附录 A 中关于如何实现身心合一的 8 条建议。

肿块越长越大、让你无法出声。性交时的疼痛也许意味着目前的恋爱关系让你的身体感到不安，是时候分手了。癌症或心脏病发作可能会告诉你，是时候让你的生活节奏慢下来了。

如果你这样做，生理症状就会在你的身体和内心指示灯之间建起一座桥梁。耐心倾听内心发出的信号，如果你不去在乎它，你将有可能失去最好的疗愈期或者使症状变得更加严重。但是如果你发现不了这些来自内心的声音，你的身体可以成为你的向导，如果你能够倾听，你的身体就会成为指引你回家的最好的方向标。

第四步：诊断疾病的根源

即便你有健康的身体，医生也会给你做出诊断——心绞痛、克罗恩病、糖尿病、乳腺癌等。就像我前面说的，如果你发现了症状却还没去看医生，那么请立马去医院。我们在 20 世纪已经取得了很大的进步，现代医学能够提供许多帮助，所以关键是弄清你的医生是否能为你提供常规的疗愈方案。（请记住：你可以对其进行调查，并选择对疗愈方案说"不"。毕竟这是你的身体和你的生活。）

但如果你去看了 5 位医生，尽管他们尽其所能，但是没有一个人能够弄清你到底出了什么问题，那会发生什么？如果你是像这样的沮丧病人中的一个，请不要绝望。有时你的诊断只有一步之遥，但你需要遇见正确的医生。还有一些时候，传统医学诊断根本检查不出问题，那可真是个大新闻。

你的症状不会只"存在于你的脑海里"，而是在身体发病。但是你正经历着无法明确诊断的症状（这通常是由于这些症状是重复触发压力反应的结果），同时没有足够的放松反应来将其平衡。常规医学手段还不能对这种级联诱导效应的生理症状做出全面的诊断。

不管你是否有传统医学的诊断，你是否经历着那些没人能诊断出的症状或者你虽然很健康但对于预防疾病深感兴趣，很可能你没有充分利用身体的能力来进行自我修复和提高治愈率，所以我们会进行下一步骤。几乎所有的疾病要么是由压力反应引起，要么是因其而进一步加剧。尽管它发生在身体内，但却是从心里开始的。虽然你可以在不清楚其原因时减轻一些压力反应，但你最好深入挖掘，并诊断引起压力反应的主要原因。如果你要通过减压活动优化你的健康情况，但是没有从根源上缓解压力，你一样得不到痊愈的机会。当然，如果你可以从根源上停止压力反应，那么你将更可能彻底痊愈。

当你发现了触发压力反应的根源时，你会了解到你的身体因为你的心理反应可能会经历怎样的痛苦，以及怎样才能防止继续激发压力反应和产生能够预防和疗愈疾病的自然放松反应。记住，预防要比疗愈更好，特别是考虑到有些慢性病的恢复非常困难（尽管不是不可能）。

虽然可能已经来不及预防疾病，但减少压力反应和激活放松反应永远不嫌迟。虽然结果有所不同，但有些条件让一些人更容易减少压力反应、增加放松反应。当你启动人体的自我修复机制时，一切皆有可能，自发的缓解可能会发生，即使你已被告知你的病情是慢性的或无法被治愈的。

在我开始进行一系列旨在帮助你确定哪些可能会触发你的压力反应的练习之前，让我说几句关于责任、羞耻和内疚的话（这经常出现在讨论生病的根本原因或建议人们有能力治愈自己的场合）。当我告诉你，你有能力治愈自己，当你意识到在你控制范围内的某些东西可能导致或加剧了你的健康问题时，你可能想要揍你自己或是揍我。因为我不想出现这两种结果，因此我正式宣布存在一个责任、羞愧和内疚的自由区。

生病并不意味着你一定做了错事，这也并不意味着你总是坏运气的受害者。有时真相位于中间。显然，有很多因素导致一个人生病和另一个不生病或者一个病人能够自愈而另一个则不能。这其中的影响因素包括意识和潜意识的信念、正确的医护人员、饮食、自我保健习惯、感觉到关爱、价值感、幸福、放松反应以及我这里未提及的心理因素。

很明显,你能通过多种方式控制你的健康状况。如果你一天抽三包烟导致肺癌、每天吃麦当劳致使心脏病发作、一直酗酒造成肝硬化或是长期维持一段不幸福的婚姻最终导致一种自身免疫性疾病,很明显,你的生活方式可能影响了身体的健康。

但发生在你身上的事情也可能完全无法控制:你出生时多了一个染色体、你的车被醉酒的司机撞了、你无意中在倾倒有毒废料、你是枪击事件的受害者、你在抢篮板时受伤而使手腕骨折。

倒霉的事情发生了。

不管你生病是因为吸烟太多、喝酒太多、吃得太多还是只因为倒霉,因为过去无法改变的事情而责备自己是毫无道理的。这样做只会引起压力反应,从而使事情变得更糟。

但有一个地方需要责任感。正如克里斯蒂安·诺斯鲁普博士曾在讨论这一问题时对我说的那样:"我们要为身上的疾病负责,但这并不意味着是我们造成了自己的疾病。"

我同意她的看法。疾病给我们提供了一个宝贵的机会来客观地调查我们的生活,让我们找到产生疾病的根源、调整自己的精神,从而使我们的身体做好发生奇迹的准备。当被满怀同情而不作评判地审视时,疾病可能是一个潜在的促进个人成长和灵性觉醒的机会。

请记住,在你进行这些诊断练习之前,确保你有正确的支持。我们即将在地上打滚、变脏,我想确保你能够感到安全、被爱和被呵护,不仅被别人,也是被自己。考虑到这一点,让我介绍一些锻炼方法给你,我曾用它们来帮助我的病人诊断其生病的根源。

> **诊断练习1：你的身体需要什么才能康复？**
>
> 1. 闭上眼睛，进行深呼吸。
> 2. 与内心指示灯的智慧亲密接触。
> 3. 问问自己："我的身体需要什么才能康复？"你内心的指示灯可以提供疗愈方法——比如是否应该服用某种药物。但我邀请你进一步深入。在医生的建议之外，为了疗愈，你的身体还需要什么？要愿意告诉自己真相。
> 4. 以不作评判的态度，花上20分钟静静地倾听你内心指示灯传达给你的信息。记住，你并不需要对此采取任何行动。发现真相的目标只是为了找出你的身体需要什么以便康复。如果你觉得有所启发，拿出笔记本将其记下。
> 5. 下载一个冥想指南，带领你开展这一过程，请访问"MindOverMedicineBook.com"。

工作和生活的平衡

尽管要实现真正的工作/生活平衡几乎是不可能的——很多仅仅是疯狂的神话，让我们追求完美和长期感到不足——注意怎样为此花时间以及是否优先进行能够产生放松反应的活动非常重要。虽然在工作生活、家庭生活和个人生活之间寻找一种完美的平衡非常具有挑战性，虽然我并不认为它总是能够达到平衡，但我认为在一周内暂时达到平衡还是存在一定可能的。我采取了行动来停下我希望每天都能做但并不总能融洽相处的自我照顾行为。例如，最完美的情况是，我每天从起床后开始进行冥想、练习瑜伽、喝自制的绿色果汁，并准备一个健康、有机的早餐与我的丈夫和女儿一起分享，然后我开始写作、绘画或是参加其他工作，与朋友共进午餐，完成更多的工作，去远足，陪我的女儿读书，准备另一顿健康的晚餐，在一天结束时与我的丈夫尽情地享受性爱。

然而现实情况是，有些日子我时间很紧，一天工作14小时，几乎没有看到我的丈夫和女儿，没有进行冥想和徒步旅行，吃外卖，忽视了富有创造性的活动，几乎没有与吻我的丈夫道晚安，也没怎么有性生活。但我试图减少这种可能性，并试着保持平衡。如果周一是这样的一天，我会尽量在周二优先考虑我的家人和自我保健，即使这意味着这不得不延迟我的工作。到了周三，我会回头看本周有没有冥想、锻炼、饮食健康、爱我的丈夫、花大量时间陪我的女儿，并允许自己进行创作。所有这些能够产生放松反应来培养我的身心，让我健康快乐。在本周末，我希望我已经度过了平衡的一周，即使我没能完成所有工作和想要其成为我生活一部分的自我保健习惯。

诊断练习 2 的目的是帮助你评估你的工作/生活平衡状况，这样你就可以了解是否在你的整体健康界标中存在可能伤害你的健康的不平衡之处。请注意那些在整体健康界标中使你产生放松反应和压力反应的事情。

诊断练习 2：你的整体健康界标的平衡程度有多少？

1. 从本书当前页开始，将整体健康界标的内容复印 7 份。

2. 在当周的每一天，都用蜡笔或颜料标记整体健康界标的那些石头。例如，如果进行了冥想，那就将其写在灵性的石头上；如果性生活美满，那就将其写在性生活的石头上；如果你认真打理生理健康，那就将其写在身体健康的石头上；如果你花了很长时间当一个好母亲或经营与好朋友的关系，那就将其写在人际关系的石头上；如果你完成了工作，那就写在工作和生活目的的石头上……

3. 在周末，找出你花费了大部分时间和精力的所在。你是不是每天都跳过了同样的石头？你的整体健康界标是不是失去了平衡？哪些方面值得注意？

诊断疾病的根源

诊断练习 3 的目的是帮助你找到关于健康的任何带有限制性的或自暴自弃的观念，判定你是否得到医护人员的正确支持，并使用整体健康界标作为诊断工具来识别生活中可能会激发压力反应和诱发疾病的方面，同时也旨在帮助你了解什么活动在你的生活中可能引起放松反应，从而将其作为疗愈的一部分。

这个练习的目的是帮助你发现你和最优健康之间存在的差距。

在这六个步骤中，这一步是最重要的，也可以说是最难的。所以在进行这一阶段内容时请倾听你内心的指示灯，并召唤你的支持系统。

诊断练习3：为自己做出诊断
第一部分
问自己这一系列的问题，并确保你以自己的速度进行。花尽可能多的时间来全面且诚实地回答问题。如果你需要好好休息，那就停下来，这也没有问题。我可以向你保证，如果你在这一节中愿意对自己诚实地回答问题，你内心的指示灯将提供一个宝贵的机会，让你知道对你来说什么是真实的，因而你可以为自己做出诊断。 　　试着让你自己在这个过程中对自己报以同情。如果你发现自己的精神状态不断下降，并陷入消极的想法不能自拔，那就停下来休息，寻求支持，稍后再继续。确保你在彻底地关爱自己。当你回答这些问题，请将注意力集中到感恩上，让生活充满快乐，做自己最好的朋友。这样做可以缓解所感受到的不适，让你专注于生活中发生的一切，从而可以无所畏惧地面对和进行改变。
信仰
● 我对于自己的基因报以怎样的观点？它是如何影响我的健康的？ ● 我对于健康是什么观点？ ● 我对于自己的疾病是什么观点？ ● 我对于身体的自我修复能力是什么观点？ ● 我对于心理对身体的影响报以怎样的观点？ ● 我是否足够开放，以探索我生病的根源并非纯粹的生理原因？如果不是，那是为什么？ ● 我从疾病中获得了什么？ ● 我是否愿意放弃从疾病中所获得的一切来变好？ ● 我是否值得拥有最佳的健康状况？ ● 我的童年是如何影响我现在的健康状况的？

支持

- 我对于医护人员有怎样的感受?
- 我对于放弃医护人员的最大的担心是什么?
- 我是否要求从医护人员处获得我的所需?如果没有,为什么?
- 我是否通过什么方式破坏了对自己的照料?
- 我怎样支持自己的健康?
- 我离开医护人员时感觉如何?
- 在与医护人员的相处中,怎样才能使我感到更好地被支持?
- 我是否向医护人员敞开了心扉?如果没有,为什么?
- 我是否值得与医护人员建立紧密的合作关系?
- 是过去的什么问题使我不能作为一个有控制权的病人与医护人员进行合作?

内心的指示灯

- 我是否过着自己真正想要的生活?
- 我是否努力让自己的愿望实现?
- 我内心的指示灯想要让我知道什么?
- 当直觉与我交流时,我是否仔细倾听?
- 当前生活中我所不愿面对的是什么?
- 什么是我的阻碍?有什么一直渴望被释放?
- 我和内心的指示灯之间存在什么?
- 我是否愿意为了倾听内心的指示灯而不惜一切?如果没有,为什么?
- 如果我无所畏惧,那么我是谁?
- 在1~10之间,我爱自己和接受自己的程度是多少?

人际关系

- 我对感情生活感觉如何？我对朋友和受到支持的社交网络感觉如何？
- 我生活中的重复性社会关系模式是什么？
- 是否有我需要原谅的人？我愿意原谅这个人吗？为什么呢？
- 我怎样才能感到被最大程度地关爱？
- 在与人们相处时，我愿意变得多么脆弱？
- 如果我爱的人在今天去世，我将怎样写讣告？如果我爱的人即将离世——或已经离世——我还有多少未尽之言？
- 在我的社会关系中，是不是有人总是对的、有人总是错的？
- 在社会关系中，我感到自己有用有多么频繁？为了康复，我是否愿意摆脱受害者或救世主的角色？
- 我是否感到爱和情感是值得的？
- 如果我有魔杖，我想要在生活中发生什么改变？

工作/生活目的

- 什么才是真正适合我的工作？
- 关于工作，内心的指示灯有什么想让我知道的吗？
- 每天我是否将大部分时间花在了自己的天赋和目的上？
- 我的天赋是什么？
- 当我在工作时身体感觉如何？当我在工作时心里感觉如何？
- 如果有人在我生命的最后一天递给我一个麦克风，将我放在一个观众面前，我想要对世界说什么？
- 如果我能够满足所有的经济需求和家庭需求，我将怎么分配我的时间？
- 如果我不再害怕，关于时间的支配，我有什么想要改变的吗？
- 我的工作是不是让我抵达目标的桥梁？
- 即使不爱自己的工作，我是否在工作中学习到了我应该知道的有价值的东西？

创造力

- 是什么激发了我创造力的火焰？谁是我的缪斯女神？
- 我是否清楚我的灵魂想要创造什么？
- 是什么帮助我的创意自由释放？
- 是什么样的创意项目让我振奋？我经常做这些事情吗？
- 当我还是个孩子时，我参加过什么创意项目？
- 如果我能拥有世界上所有的时间和金钱，我想要创造什么？
- 当感到没有激情时，我的感觉是什么？
- 我愿意在创作过程中面对挫折吗？
- 我是否觉得创造性地表达自己非常值得？
- 我的家人相信创造力的什么？

灵性

- 是什么让我感觉到灵性的连接？
- 我认为什么是神圣？
- 如果我不认为自己有"宗教倾向"或相信神灵，我是怎样找到其他方法来培养灵性的自我的？
- 我对宗教的想法和感受是什么？我对灵性或宗教有什么消极的想法？
- 我是在宗教社群中还是在我单独一人的时候更能体会到灵性？
- 我是否足够开放，从而让疾病成为一个灵性觉醒的机会？
- 我的家人相信灵性的哪些方面？
- 我是否利用灵性或宗教对别人进行评价？
- 我是否值得与神灵建立深层次的交流？
- 加入正确的宗教社群是否能激发我身体的放松反应？

性
●对于性，我真正渴望的是什么？我实现这个愿望了吗？ ●什么能够支持真正的性自我？ ●什么样的恐惧、观念或苦恼让我对于性没能保持忠诚或者阻止了我公开表达自己的性意愿？ ●我对于第一次的性经验感受如何？ ●在过去或现在的性生活中，有什么需要得到疗愈？ ●什么让我性趣高涨？什么让我性趣全无？ ●对于不想进行的性生活，我的感受是什么？ ●在没有性生活时，我是否存在性快感？ ●我的家人对于性有什么看法？ ●如果我可以在性生活方面为所欲为而没有人能够知道，我会做什么？

金钱
●我对于经济状况的想法和感受是什么？ ●我的经济状况怎么样？ ●我怎么定义经济健康、成功或富足？ ●我是否清楚自己经济生活的真实状态，还是说我在自欺欺人？ ●我的家人对于金钱有什么看法？ ●关于我的财物状况，有什么限制性的观念需要释放？ ●在紧急情况下，我是否有足够的钱来支持自己？ ●贫穷和快乐能并存吗？ ●我将多少时间花费在赚钱上面？ ●爱是否可以用金钱购买？

环境

- 我是否住在自己真正喜欢的地方?
- 当我看着自己周围的环境时,我是否喜欢所看到的一切?
- 我是否被美所包围?我的环境中包括自然吗?
- 我的环境有多健康?
- 什么环境因素可能会影响我的健康?
- 在1~10之间评价,我有多"绿色环保"?
- 对于减少因环境因素对身体造成的负担,我做出了怎样的努力?
- 什么环境因素可能会影响我的健康?
- 我在环境中消除了哪些不必要的杂物?
- 生活在一个我所喜爱的、治愈性的、和平的环境中是否感到值得?

心理健康

- 什么使我快乐?什么让我不开心?
- 什么能够治愈我的心灵?
- 过去的心理创伤是否仍然使我痛苦?如果是,有什么?
- 我是否感到保持快乐非常值得?
- 我会花多少时间参与消极对话(如刻薄的八卦、批评另一个人或抱怨之类的)?
- 我愿意检查我的心理健康状况吗?
- 我感激什么?
- 按照通常的价值观,我是否向生活中值得感谢的食物表达了自己的谢意?
- 今天我对什么表达了感激?
- 我是否沉溺于追求没有得到的东西而不是感激我所拥有的一切?

身体健康

- 我的饮食和锻炼习惯怎么样?
- 我对于医护人员的建议和协议顺从程度如何?
- 我要摆脱什么坏习惯?
- 我的能量水平如何?
- 什么事情让我睡眠质量欠佳?
- 身体健康的优先级如何?
- 我是否愿意在照顾好身体上投入时间、金钱和精力?
- 如果我的身体处于最佳健康状态,我将会发生什么?别人对此感受如何?
- 我怎样看待衰老?
- 我怎样看待死亡?

总结

- 我是否愿意完全接受自己的不完美?
- 当我犯错的时候我的悲观程度如何?
- 我是否愿意在疗愈之旅中强烈地爱自己和接受自己?
- 回答了这些问题后,我内心的指示灯是否感觉更亮了?我是否感觉拥有了所需要的一切,从而让身体做好发生奇迹的准备?
- 我是否愿意用我所学到的知识为自己开具处方并改变自己的生活?

第二部分

利用这些问题的答案,你能否确定疾病产生的根源?消极信念是否击败了你?你有正确的支持吗?你的整体健康界标是否存在什么可能触发你的压力反应并伤害你的身体的问题?是否存在尚未利用却能激发放松反应的活动?这些问题是否能帮助我找到生活中你需要看到的盲区,从而使你达到最佳健康状态?

在诊断报告的每个类别中,写下任何你认为有利于你的健康以及你可能想要在生活中进行提高的内容,你可以在"MindOverMedicineBook.com"上下载诊断报告。

恭喜你!你已经做出了诊断。你所列出的就是你认为会妨害和有益健康的事物。想要了解我在大多数健康问题解决之前为自己做出的诊断报告,请参阅附录 B。

第五步：为自己开具处方

既然你已经选择了倾听你的身体，深入挖掘了你内心指示灯的智慧，调查了你的信念和支持团队，评估了整体健康界标是否失去平衡并探索了任何可能会危害健康的原因，是用一个整体健康疗愈计划来进行彻底的自我保健的时候了。

当你生病时，你的医生可能会给你开出一种完全不同的疗愈方案。例如，如果你身患癌症，有一个聪明、机智、全面的医生，那么你的疗愈计划可能包括手术、化疗、养生、提高免疫力的大量补品、一个帮助你应对消极情绪的支持小组以及能让你集中注意力的瑜伽练习。

这种疗愈方案会让你坚持得更久。但是如果你免疫系统弱化的根源是孤独、工作压力或抑郁，由于没有对病因进行正确应对，用上述措施疗愈癌症可能在短期内有助于病情缓解，但它可能不是永久性的。癌症可能会复发——或者你会患上其他一些疾病。为了能够更好地预防和疗愈疾病，使你免于周而复始的生病状态，你必须、必须、必须解决让你容易生病的根源，同时聆听你内心的指示灯，让它帮助你选择如何以适合你的方式，最大限度地发挥传统医学所能提供的一切便利。

这就是开具处方的全部内容。

为自己开具处方的部分是进行健康护理的首要条件。请记住，你是老板，其他人都在为你服务。

当然，你的医生会安排实验室检查来帮助你诊断出身体的哪部分出了问题，你的医生也会帮你得到所需要的任何药物。如果你需要手术或其他医疗程序，你的医生也会进行处理，但是由你自己来决定你是否需要这些药物或接受手术。这就是为自己开具处方的意义。你不是盲目地服从医生的命令，而是成为康复过程中的全职搭档。你要对自己的身体进行检查，倾听内心的指示灯，向你邀请的团队进行咨询。

当你为健康护理做出决定时，继续前进吧，并与团队进行协商。但请记住，被邀请加入疗愈的医生、药剂师、针灸师、按摩师、生活教练甚至是你的母亲——不管是谁，他们都在为你服务。他们是你的指导委员会、顾问委员会、教育工作者。请明智地选择他们。如果你能负担得起，愿意支付额外的费用来选择最好的人选来参与疗愈过程，也请你永远不要忘记，这是你的桌子，主席的座位是留给你的。人们可能会不同意对方，你可能会被相反的意见搞糊涂，但请坚守阵地，你比任何人都更了解你的身体。

如果只有一个正确的方法来疗愈身体，我们会全部同意。但是实际情况往往并非如此，这就是为什么他们称之为医学的艺术。最终，疗愈计划必须让你感觉良好。这是你的身体、你的生活、你的选择，你总是拥有决定权。当你倾听连接内心的指示灯和身体的内在信息时，你总是会为自己做出正确的选择。

为自己开具处方并不妨碍你选择正确的医疗团队以及积极参与疗愈方案。它会不断深入。也许你在这本书中学到的东西会让你意识到，你那些关于健康的限制性的、自暴自弃的负面信念会转化为身体的坏消息。也许你意识到孤独是伤害你身体的原因；也许当你了解到工作压力如何消磨你的生命时不禁恍然大悟；也许你意识到是时候从悲观变为乐观来提高你的幸福指数了，或者整体健康界标能帮助你找到生活中影响你健康的失衡之处。

在这里，你会将产生的新意识转化为行动计划。我不想只让你知道为什么你可能没有处于最佳健康状态，我希望你能够做些什么，也只有你最了解那会是什么。你的医生可能会给你开处方药，但只有你能为了改变生活以提高整体健康状况而开具处方。

现在让我告诉你应该如何开始。

> **疗愈练习：为自己开具处方**
>
> 1. 拿起一支笔、找几张纸或拿出笔记本，你也可以在如下网址下载处方表："MindOverMedicineBook.com"。
>
> 2. 在纸上、笔记本里或下载的处方表上写下为自己做出的诊断。
>
> 3. 将眼睛闭上几分钟，与内心指示灯的治愈性智慧亲密接触。提醒自己保持开放、友爱和同情。当你感到自信、放松和开放时，睁开你的眼睛。
>
> 4. 针对诊断书中列出的每一项，问问自己可以采取什么行动来对所找出的疾病根源进行疗愈。相信你的直觉，不要对接下来发生的事情进行评判。请记住，你还没有真正开始实施这些行动，但你必须对自己诚实。不要审视任何事，除了你自己，没人能够看到这些。
>
> 5. 虽然很多情况下我会一对一地参与病人的自我康复过程，包括他们需要在处方中纳入考虑的具体建议（这些具体建议不在本书的讨论范围之内）。例如，如果你的婚姻出现了问题，我就会为你列出我所推荐的相关书籍、我所信任的疗愈师和建议参加的研讨会。但事实上，你会为你所了解的事情感到惊讶。你真的不需要我或其他任何人告诉你，你的身体和你的生活到底需要什么。
>
> 6. 如果你发现一个问题，但不知道如何处理，我不会让你不上不下。可以关注我的博客"LissaRankin.com"，我会为无所畏惧地生活和热爱以及其他自我疗愈和过上幸福生活的方法开具实际处方。你也可以看看"OwningPink.com"，这里有30多个疗愈师和富有远见的老师撰写的疗愈整体健康界标的每一块石头的方法。
>
> 想要了解我为自己写出的处方样品，请参阅附录C。

采取行动

尽管你写出了处方，但你的旅程才刚刚开始。我知道你的内心正在疯狂竞赛。你可能心里发慌，你甚至可能产生压力反应，因为你想到应该打起精神来面对诊断和处方中所写的执行措施。但是别担心，这些都是暂时的，我保证你很快就会感到放松。

为了对病人提供指导，我通过这一过程跨出了传统临床实践的界限，我知道这样做有多可怕，但我对人类的坚韧精神保持敬畏。我目睹了那些勇敢无畏的人们为了推进自我疗愈的进程而取得的巨大变化，这让我敞开心扉、斗志昂扬；我目睹了很多医学奇迹，我只能将这种自主康复解释为生理自我修复的壮举；我看到很多人直面他们的恐惧、打开他们的内心，进而改变了他们的整个生活。

当你继续前进时，请不断检查你的内心指示灯，让内心的指示灯成为你最好的朋友，不断提醒你对于真理的寻求并了解你的信任。你内心的指示灯将在这个过程为你提供无限的同情，你越是与它亲密接触，越能使这个过程变得愉悦。

但是如果你不愿意采取行动，又会发生什么？如果你知道它将会变好，你只是不能实现信仰的飞跃，又会发生什么？如果你是这样，那么请善待你自己。也许是还没到时间。请记住，当按兵不动的痛苦超过了对未知的恐惧，你就会知道是实现信仰飞跃的时候了。如果你还没到达这种程度，你只需要继续等待。

但不要等得太久。我不希望你的身体开始激烈反应仅仅是因为你不愿意听取从身体发出的警报。

对大多数人来说，做出诊断和开具处方意味着彻底的改变，而有些人只是不愿意按照内心指示灯的引导采取行动。我总是问病人："如果你不愿意采取行动，你是否宁愿选择生病？"

一些患者低下他们的眼睛，不好意思地点头，承认他们宁愿冒着健康危险，而不愿选择面对他们必须做出的改变。这也没有关系，我对此不做评价，但是很高兴你能够承认在生活中做出的选择。

另一些患者告诉我，如果存在能够改变他们身体状况的一线希望，他们愿意做任何事情，冒任何风险，勇于去做任何事。这些人打动了我的心，让我泪眼婆娑，这也是能够发生情况好转的那些人群中的极少数。

最后，你要知道，这是你的请求、你的身体、你的生活。

一旦你知道需要怎样在生活中转变以及决定要将之付诸行动，那么就应该对自己报以极大的同情。每一步走慢一点，经常奖励自己、接纳自己、感激自己、热爱自己。你需要不断充电。

第六步： 对结果放手

当你转向积极的信念、找到合适的支持、利用自己的身体和内心的指示灯，对自己进行诊断、开具处方，并且采取了行动，简单地放手，让其产生可能的任何结果，之后，你便期待被治愈。谁生病了不是这样呢？但事实上，它可能不会发生，而且这并不是你的错。

我相信，虽然我们认为自身具有改变生活、强化身体自我修复能力的力量，但我们必须接受，当谈到这件事的时候，我们并不能保证是否会生病或恢复健康。你可以"正确地"做任何事，最后以死亡而落幕。事实上，有些时候我们在生活中都将面对这种不可避免的命运。你也可能在什么都不做的情况下产生自我康复。

通常，那些对自我康复做出激进承诺的人会在疾病未能安然离去时感到失败。但是为什么要往那个方向发展？我们知道这个世界为我们准备了什么？我们要怎样参与学习人生的课程，为此我们需要面对怎样的挑战？也许我们中的一些人想要生病，这样我们就可以了解我们的心灵渴望学到什么以及如何优雅地安然面对疾病的模式。这种优雅的风度伴随着抗争而来直到斗争停止，欣赏这一过程中的每一步吧，即使它没有按照我们所设计的路线前进。

很难预测你在自愈的旅程中的感受，所以我想给你一个小小的建议。在支持许多人的自愈之旅后，我可以证明，这一过程对每个人来说都是不同的，其结果也存在差异。例如，我的一个病人患有 20 年的慢性病。经过 3 个月的定期会面和紧张的工作后，她的病消失了。我很激动！因为它生效了！

但是她悲痛欲绝，每天早晨几乎无法起床，尽管她的身体症状已经完全消失。她现在意识到她可以仅凭自己的心理力量就能治愈疾病，所以对自己因一种疾病浪费了 20 年而感到伤心。她开始抑郁，直到每天进行让她不再感到如此不幸的感恩行动，而她孙子的诞生把她从绝望中拯救出来。她的经历让我意识到，当你经历这样一个过程之后，活在当下是多么重要。保持乐观、拥有一颗感恩的心、欣赏你所拥有的一切至关重要，这些让你不再为你过去发生的事感到遗憾和悲伤。如果你有过自我康复的经验，我请求你感谢你的幸运星并祈祷致谢，你拥有了第二次机会来把你学过的东西用来帮助别人。

我的另一个自我康复的病人则经历了完全相反的体验。虽然她饱受病痛折磨，但她从未在病愈后回头。她认为她的痊愈是一个奇迹，因此开辟了更丰富的灵性生活，这不仅改善了她的健康，还改善了她的爱情、工作以及居所。

另一个病人通过整个过程拥有了这样的勇气，即使面对迅速下降的健康状况，她还是能勇敢地面对现实，重新打理生活中各种各样的关系，开始追逐梦想，释放旧日的怨恨，放弃旧的、过时的恐惧，原谅她从小一直对其持有怨恨的人们，释放自己的虚假自我，并与内心的指示灯保持一致。尽管她最终没能战胜病魔，但她拥有了这样优雅的风度，她的去世治愈了很多人，尤其是她的家人。她虽然没能被医治，但她怀抱着疗愈之心离世。数百人出现在她的葬礼来表达他们对一个精彩生活、精彩离世的生命的感谢。

在对这一旅程进行引导时，我们还奢望什么呢？这是一个双赢的局面。无论你是否被治愈，你都会康复，你的康复将治愈他人。

我鼓励你牢牢记住，这将是一个重生。如果你愿意经历它，在另一方面，你将以无法想象的方式增大你人生的意义。

当你生病时，当你已经做了能力范围内可以完成的一切来让身体做好发生奇迹的准备后，对结果放手，让患病成为一个灵性觉醒的机会吧。如果你允许，生病可以摧毁你旧有的自我，重新点亮你的生命之火，提醒你欣赏所拥有的一切，使你的生活与内心的指示灯保持一致，给你勇气去活在当下，拉近你和关爱你的人以及神灵的距离。

我曾经做了一个名为"规划之内的女人"（The Women Inside Project）的艺术项目，在此期间，我用医用石膏为患有乳腺癌的女性制作雕像，并指出她们的美丽之处。几乎每一个被我制作了雕像的女病人都说癌症是有史以来发生在她们身上最好的事情，因为它使她们在生活中采取措施来产生效果持久的积极变化。

我们不应该等到生病的时候才重新调整人生，而是需要经常这样做。就像我需要完美风暴来幡然醒悟，很多人需要生病来摆脱自满情绪，开始新生活，因为他们可能明天就会与世长辞。

如果疾病来袭，这是一个获得清醒的强有力的机会，即使我们中的一部分人已经学习了应当怎样优雅地死去。虽然我相信奇迹总是可能发生的，但有时单一的疗愈根本不会起作用。我们必须安然接受这个事实。如果你要求彻底痊愈，你会发现自己仍在生病，你最终得到的可能只有陷入暗夜的绝望灵魂。但是如果你在能力范围内尽量使你的身体做好发生奇迹的准备——然后安然放手，对自愈之旅保持信任——你就会用安心、宁静和超乎想象的愉悦铺平道路。

当你被疗愈但并未痊愈

我知道这是怎样一种情况。我目睹了它在我父亲身上发生的一切。

当我父亲的脑部患上转移性黑色素瘤时，他相信自己会打败它。他很年轻——太年轻了——他是一个有着坚定信念的乐观主义者，拥有支持他的团体和崇拜他的家庭以及一颗完全开放的心。父亲肯定没做错任何事以至于要付出得癌症的代价，他是一个很棒的人，一直过着幸福的生活。但最后他还是去世了，这让人感觉太不公平！

在研究和写这本书的过程中，我学到了很多，但是有很多事情我仍不清楚。父亲是否死于可以预防的癌症？如果他喝了绿汁而不是吃鸡翅，他可能不会得癌症吗？他是否通过设定一个新的目标使自己免于提前退休（在这之前他的多发性硬化症使得他有了轻微残疾）？如果他找到一个新的爱好，能否使他治愈？他需要更多的性生活吗？数小时的冥想？一个更健康的环境？更多的欢笑？更多的阳光？更少的压力反应？还是更多的放松反应？我们不得而知。

如果他改变了他的心态、找到合适的支持、深入挖掘内心的指示灯、为自己诊断、自我开具药方并采取行动，也许爸爸可能被治愈。

但也许不是。也许他已经做了，但结果还是一样。

我承认，我是为了父亲才写这本书。在我写书的时候，他的眼睛就在另一边看着我。如果我可以写一本即使像我父亲那样的医生都不会立刻毙掉的书，也许我可以找到健康保健在付出和接受过程中的真正区别。也许我可以完成我重新定义健康的使命，以一种全新的方式帮助人们康复；也许我可以吸引很多医生和病人以及其他医护人员，让他们知道我们的医学系统存在问题、需要重新定义医学的核心；也许我可以教人们如何为自己的健康负责，让神圣重回医务工作中。也许——仅仅是也许——我可以帮忙疗愈我敬爱的同行。

就像亚伯拉罕·维盖瑟（Abraham Verghese）博士在《双生石》（*Cutting for Stone*）中虚构的医生角色所说的那样："我们自愿进入这样的生活，如果我们很幸运，我们会在饥饿、痛苦和早逝之外找到一个目标，以免我们忘记那是常规的宿命。我长大了，找到了我的目标，那就是成为一名医生。我从医的目的与其说是为了拯救世界，还不如说是为了疗愈自己。很少有医生会承认这一点，尤其是那些年轻人。但在潜意识里，进入这个行业的我们必须相信，救死扶伤能够疗愈我们自己的伤痕。是的，它可以，但它也可以让伤口进一步加深。"

我就是一个让伤口变得更深的医生，这也让我的身体抱恙。但现在，我已经学会了如何疗愈自己，我也希望能够帮助别人做同样的事。我最大的收获是，你可以惊恐不安地过活，抱着控制一切的错觉，坚持一成不变的观点，直到你的生活、你的健康、你周围的一切突然崩塌。或者你能够意识到，生活中唯一不变的就是不确定性。不管你是否害怕不确定性、进而产生压力反应，还是接受不确定性、让它引起放松反应，那都是你的选择。就我个人而言，我已经开始认识到不确定性的美好。尽管面对的不确定性是巨大的、可怕的未知，不确定性的另一面则是无限的可能性。当你不知道未来如何时，任何事情都有可能发生。

这些日子，当我早上醒来时，我完全意识到我对于眼前的一切一无所知。当然，我整天日程满满，但是事情会不断变化，新的机会会不断出现，我的日程安排也会一个个被解决。我今年过的日子与想象中的不同。事实上，它比我想象中的任何事都还要好。这是一个好消息，这意味着明年会有更多的惊喜在等着我。我可以随心所欲地施展自己，天空才是我的极限。世界啊，当心呦，我来了！

这同样适用于你。虽然你可能感到害怕，因为你不知道未来①，不知道明天可能发生什么事。你可以今晚睡觉的时候还生着病，然后一觉醒来，就不药而愈了。你的症状可能会永远消失，你的情绪可能会提升，对生活的热爱能够支持你，这笔交易很值得去做——你梦想中的房子就在触手可及的地方；奥普拉（Oprah）② 可能会给你电话；你终于怀孕了；你可能赢得彩票；你失散多年的母亲可能会出现；你会得到启示；海洋可能就呈现在你的眼前。

如果你很健康，你选择通过经历这些步骤来防止疾病，我会为你鼓掌！我赞赏你的勇气并坚定地认为你已经延长了自己的生命。如果你这样做是因为你生病了，我同样为你鼓掌！

这是你的宝贵生命，你要尽情地享受它：去玩旋转木马、乘坐过山车、做

---

① 原注：特别是当你生病的时候。
② 译者注：美国著名脱口秀主持人。

侧手翻；打开你的心扉，永远不要让自己的爱意犹未尽；慷慨地原谅别人，大方地给予；追随你的梦想，说出真实的自己；嘲笑恐惧，实现信仰的飞跃；创造美好的事物，尊重自己的愿望；体验快乐，让你的旗帜高高飘扬；大胆地生活，无怨无悔地做真实的自己。这就是预防疾病的良药，它能够挽救你的生命。

附录 A　　关于身心合一的八条建议

将注重力集中到身体的某一部位

• 注意你的右手指尖或你的左膝盖或其他身体部位。感觉如何？疼吗？它是凉的还是温暖的？你是否感到有微风拂过？当你用羽毛触碰或将它按在地毯上时，留意那种感觉。留意你所有的感官。

为你的感觉命名

• 虽然所有的词语均发自内心，通过为自己的感觉命名，可以实现大脑和身体的交流。让你选择的词语独一无二——你的身体部位是否感觉僵硬、松弛、轻、重、刺激、温暖、寒冷、敏感、麻木、强壮、孱弱、疼痛？尽量避免用通用的词语如"好"或"坏"来描述你的感觉。也许你会觉得是"紧握着的"或"宽敞的"或"多刺的"或"沉重的"。尽可能多地体验不同感觉。

实践运动

• 跳舞、瑜伽、徒步行走、骑自行车、滑雪以及其他体力活动可以让你更了解你的身体——什么让你感觉好、什么会伤害你的身体。甚至痛苦也可以成为教会你身体感觉的老师，所以不要害怕靠近你的感觉。

使用地板

• 如果你很难在空间中感受到你的身体，试着在地板上翻滚。这会让你的身体与意识产生关联。

优化着装

- 穿宽松的衣服，让它在身体移动时触碰你的皮肤，这可以帮助你注意到你的身体。

进行性生活

- 没有比在干草堆上颠鸾倒凤更能让你注意到自己身体的事情了。

当试图做出决定时，注意你的身体反应

- 那个约你出去的家伙？让你的身体感觉如何？——轻还是重？新的工作机会呢，让你的身体感觉打开还是关闭？你的身体是你的指南针，所以请留心它给出的讯息。

呼吸

- 当你将注意力集中到呼吸上时，它能帮助你让灵魂稳居体内，身心合一。

附录 B　　莉萨个人的自我治疗诊断书

这里是我在进行自我疗愈之前，对自己偏离健康轨道的人生所进行的诊断结果。

信念

- 我不认为我能够治好我自己，因为我所接受的教育让我对常规医学保持敬畏，所以想把选择权交给医生。

支持

- 我需要在常规医学的范畴之外找到加入我治疗团队的人。

内心的指示灯

- 为了让自己更容易被别人接受，我戴了如此多的面具，甚至连自己都不知道自己是谁。我内心的指示灯仿佛已经燃烧殆尽，但我知道它就在那里。
- 我感到与自己的身体失去了连接，我想在身体激烈反应之前听到它的警报。

社会关系

- 父亲的去世影响了我的健康。我需要悲伤。
- 有时我感到孤独。我身边有很多人，但是我觉得很多人并没有看到或了解真正的我。

- 我爱我的丈夫，但是我想要靠他更近，来防止再一次失败的婚姻。
- 我不停给予，直到我精疲力竭。

工作/生活的目的

- 我的工作试图杀了我。
- 我不知道人生的目的是什么。

创造力

- 我为创作而沉醉，感到这是我的康复过程中一个至关重要的部分。请来得再多一点吧！
- 我爱写作但写得不够。我认为更多的写作将有利于我的健康。

灵性

- 我希望能够更接近上帝，认为这将有利于我的健康，但是我所成长的宗教氛围不适合我。
- 我仍然祈祷，我认为这有助于我的健康。

性

- 我觉得更充实的性生活有利于我的健康。

金钱

- 我的工作薪酬不错、经济条件良好，但代价是什么呢？工作快要把我耗死了。
- 如果我不干了，我就会变成穷光蛋了，这给了我压力。

环境

- 南加州变得如此拥挤、繁忙，住在那里让我倍感压力。我与邻居住得太近，以至于能够从阳台递鸡蛋给他们。

- 我希望我所居住的环境更靠近大自然、有更大的空间、更加宁静。我希望能够搬到大苏尔去住。我认为这有利于我的健康。

心理健康

- 从临床医学的角度来看，我并不沮丧，倾向于乐观开朗，但我有着被深深掩盖、无法摆脱的悲伤，或许是由于失败的婚姻、折磨人的医学教育以及所有已经逝去了的我所关爱的人。我认为采取措施优化我的幸福指数将有利于我的健康。

身体健康

- 虽然我在家的饮食很好，但工作过于繁忙，我在工作中吃的不是很好。
- 尽管在家的饮食可能更好，但我吃了太多的奶酪。
- 我没有像以前那样经常锻炼，因为怀孕让我的屁股变得臃肿。我认为多锻炼对我的健康有好处。
- 如果能减肥20斤，恢复到数年前的身材，我可能会更健康。
- 我讨厌服用治疗我健康问题的那7种药物，但我还是按照治疗方案服用，这对我的健康有帮助。

附录 C　　莉萨的个人处方

信念

- 通过与情绪释放技术（EFT）练习者凯特·文琪（Kate Winch）和尼克·奥特那（Nick Ortner）一起进行 EFT 练习，消除限制性的信仰。
- 为了改变对于身体的观念，我与史蒂夫·西斯戈德一起进行以身体为中心的治疗过程。
- 与丽塔·所门（Rita Somen）一起进行快速改变信念技术（Psych-K）练习。

支持

- 从我在治疗过程中不同领域的参与者那里获得支持。

内心指示灯

- 希望能够卸下伪装，在生活的各个方面做真实的自己。
- 安排去伊莎兰研究中心和克里帕鲁等静修中心的时间。
- 学习利用黛比·罗萨斯（Debbie Rosas）提出的基于感官的运动练习方法来进入到我的身体。

社会关系

- 练习布琳·布朗在她的书和她在 TED 演讲中教授的"不完美的礼物"。

乐意变得脆弱并暴露自己的缺陷，当我不再过分追求完美时，就能够进入更深层次的亲密关系。

• 停止试图拯救我所爱的每个人，以他们本来的方式无条件地爱他们，但抵制试图拯救所有人的冲动。

• 治愈我的"救世主"情结。首先充实自己，然后才能帮助别人。

• 列出我想要关注的每一个人，这样可以确保我是一个我所关爱之人的好朋友。把列表放在我的供桌上，每天看着它。

• 不奢望别人能够理解我，在社会关系中对我想要和需要的事情进行交流。同样直率地询问他人，他们想要从我这里得到什么。

• 经常无意识地与人达成协议。

• 遵循玛莎·贝克的建议，做一个人名列表，他们的意见为我所重视，停止关心不在名单上的人是怎么想的。

• 用"神奇的眼睛"（心灵对心灵）看待他人。

工作/生活目的

• 辞掉传统医学的工作。

• 克服我想要帮助疗愈同行的阻力，改变健康护理的付出和接受方式。

• 疗愈我同雷切尔·内奥米·雷曼（Rachel Naomi Remen）博士及其治疗团队在工作中所经历的痛苦。

• 登录"OwningPink.com"网站，那是一个需要得到医治的人与致力于帮助他们的人直接联系的网络社区，患者和治疗师在那里可以找到资源，帮助他们恢复健康。

• 在"LissaRankin.com"网站发布我的个人博客。

• 读玛莎·贝克曾经写过的一切。

• 使用完美的虚拟助理/编辑/教练梅勒妮·贝茨（Melanie Bates）来打理我的各项事宜。

- 与领导力顾问达纳·图斯（Dana Theus）学习如何发挥我的权利和领导能力。
- 加入一个决策组，其他作者或教练还包括：艾米·阿勒斯（Amy Ahlers）、迈克·罗宾斯（Mike Robbins）、克里斯汀·阿尔洛（Christine Arylo）和史蒂夫·西斯戈德。

创造力

- 开发出具有创造力的仪式，如在供桌处冥想、点燃蜡烛、每天进行祈祷。
- 在"LissaRankin.com"和"OwningPink.com"网站上写博客。
- 同《发自内心的写作》（*Writing from the Heart*）一书的作者南希·阿罗尼（Nancy Aronie）一起，在专题研讨会上练习发自内心的写作。
- 访问60位鼓舞人心的艺术家的工作室，以便完成我的新书《蜡画艺术：使用蜡来进行艺术创作的完整指南》（*Encaustic Art：The Complete Guide to Creating Fine Art with Wax*）的撰写。
- 进行更多的写作。
- 随时开始绘画。
- 创建多媒体电子课程（可以在"LissaRankin.com"进行观看）。

灵性

- 每天至少冥想20分钟。
- 从灵性顾问特里西娅·巴雷特那里寻求智慧和指导。
- 在绿色峡谷禅宗中心和精神摇滚冥想中心参加教规讲座会。
- 每天祈祷。

性

- 在塞拉·凯莉（Sheila Kelley）那里参加性感女性运动班。

- 从吉娜妈妈女性艺术精通学院（Mama Gena's School of Womanly Arts Mastery）毕业。
- 学习如何进行冥想式高潮。
- 与某个性感的家伙进行亲密接触。

金钱

- 重复肯定和练习 EFT 方法，以摆脱关于金钱的限制性观念。
- 与金融教练芭芭拉·斯坦尼（Barbara Stanny）一起工作，来释放关于金钱的限制性观念。
- 弄清楚我的经济目标，做经济预算，释放与金钱有关的恐惧，对这一过程报以信任。

环境

- 离开在南加州的城市生活环境。
- 意识到物质不等于幸福，开始清除生活中的垃圾，从整理衣柜开始。
- 改善房子的设置，努力让家更加绿色、环保。
- 在加州北部沿海让自己被红杉、山峦和海洋所包围。

心理健康

- 承认痛苦是不可避免的，但是遭受痛苦是可以选择的。学习如何更加乐观。
- 通过每晚在餐桌上与家人在一起，并说出当天我们所要感激的事情，来进行感恩练习。
- 无怨无悔地追求带给我快乐的事情，只要它能让我表里如一。
- 经常伴着大声的音乐跳舞。
- 只要想做就可以做侧手翻，只是因为这样感觉很好。

- 沉溺于自制的巧克力。
- 让内心的批评家保持沉默，用内心指示灯的声音将之取代。

身体健康

- 每天喝绿色果汁，每 3 个月做一次排毒净化。
- 采用我的"原始纯素杂食主义"饮食（大部分是蔬菜、大部分是素食、经常生食、大多数无麸质且无糖的饮食，如鸭肉、奶酪、铁板三明治和焦糖布丁）。从克丽丝·卡尔的书《疯狂性感食谱》中得到灵感。
- 去看传统医学医生以及自然疗法医生。
- 每天服用维生素。
- 每天至少进行 1 小时的徒步旅行或者瑜伽。
- 每晚至少睡 7 个小时。